谁种谁赚钱·设施蔬菜技术丛书

茄子设施栽培

常有宏　余文贵　陈　新　主　编
周晓慧　刘　军　庄　勇　编　著

中国农业出版社

图书在版编目（CIP）数据

茄子设施栽培/周晓慧，刘军，庄勇编著．—北京：中国农业出版社，2013.5

（谁种谁赚钱·设施蔬菜技术丛书/常有宏，余文贵，陈新主编）

ISBN 978-7-109-17672-0

Ⅰ.①茄…　Ⅱ.①周…②刘…③庄…　Ⅲ.①茄子—温室栽培　Ⅳ.①S626.5

中国版本图书馆 CIP 数据核字（2013）第 038206 号

中国农业出版社出版
（北京市朝阳区农展馆北路 2 号）
（邮政编码 100125）
责任编辑　杨天桥

中国农业出版社印刷厂印刷　新华书店北京发行所发行
2013 年 5 月第 1 版　　2013 年 5 月北京第 1 次印刷

开本：850mm×1168mm 1/32　印张：5　彩页：2
字数：130 千字
定价：20.00 元
（凡本版图书出现印刷、装订错误，请向出版社发行部调换）

出版者的话

　　我国农民历来有一个习惯，不论政府是否号召，家家户户都要种菜。

　　在人民公社化时期，即使土地是集体的，政府也划给一家一户几分"自留地"种菜。白天，农民在集体的土地上种粮，到了收工的时候，不管天黑，也不顾饥肠辘辘，一放下工具就径直奔向自留地，侍弄自家的菜园。因为，种菜不仅可以满足一家人一年的生活，胆大的人还可以将剩余的菜"冒险"拿到市场上换钱。

　　实行分田到户后，伴随粮食的富余，种菜的农民越来越多。因为城里人对蔬菜种类和数量的需求日益增长，商品经济越来越活跃，使农民直接看到了种菜比种粮赚钱。

　　近一二十年来，市场越来越开放，农业生产分工越来越细，种菜的农民也越来越专业，他们不仅在露地大面积种菜，还建造塑料大棚、日光温室，甚至蔬菜工厂等，从事设施蔬菜生产。因为，在设施内种菜，可以不受季节限制，不仅一年四季都有新鲜菜上市，也为菜农增加了成倍的收入。

　　巨大的商机不仅让农民获得了实惠，也使政府找到了"抓手"。继"菜篮子工程"之后，近年来，各地政府又不断加大了对设施蔬菜的资金补贴，据2010年12月国家发展和改革委员会统计：北京市按中高档温室每亩1.5万元、简易温室1万元、钢架大棚0.4万元进行补贴；江苏省紧急安排1亿元蔬菜生产补贴，扩大冬种和设施蔬菜种植面积；陕西省安排补贴资金2.5亿元，其中对日光温室每亩补贴1 200元，设施大棚每亩补贴750元；宁夏对中部干旱和南部山区日光温室、大中拱棚、小拱棚建设每亩分别补贴3 000元、1 000元和200元……使设施蔬菜的发展势头迅猛。截止到2010年，我国设施蔬菜用20%的菜地面积，提供了40%的蔬菜产量和60%的产值（张志斌，2010）！

万事俱备，只欠东风。目前，各地菜农不缺资金、不愁市场，缺的是技术。在设施内种菜与露地不同，由于是人造环境，温、光、水、气、肥等条件需要人为调节和掌控，茬口安排、品种的生育特性要满足常年生产和市场供给的需要，病虫害和杂草的防控需要采用特殊的技术措施，蔬菜产品的质量必须达到国家标准。为了满足广大菜农对设施蔬菜生产技术的需求，我社策划出版了这套《谁种谁赚钱·设施蔬菜技术丛书》。本丛书由江苏省农业科学院组织蔬菜专家编写，选择栽培面积大、销路好、技术成熟的蔬菜种类，按单品种分16个单册出版。

由于编写时间紧，涉及蔬菜种类多，从选题分类、编写体例到技术内容等，多有不尽完善之处，敬请专家、读者指正。

2013年1月

第一章

概　述

第一节　茄子的生产现状

茄子是我国主要栽培蔬菜之一，种植面积最大的 6 个省份为山东、河南、河北、四川、湖北、江苏。

茄子在我国栽培面积广、消费量大，尤其在解决蔬菜秋冬淡季供应中起着重要作用。近年来，随着城市人口的增加和发达地区的城市化及农业产业结构的调整、南菜北运和高山蔬菜的兴起，伴随着运输业的迅猛发展，进一步形成了集中性生产区域，茄子的栽培面积不断扩大，消费量迅速增加。从南到北逐步形成了一些大型专业化生产基地，取得了较好的经济收益，特别是随着设施蔬菜生产的发展，在东北、西北和华北地区，利用塑料大棚、小拱棚等，可以早春提早栽培和秋末延迟栽培茄子，特别是冬暖型大棚的出现，使茄子能在冬暖大棚内进行越冬生产，使得保护地茄子产量增加，生长期延长；而且，在北方利用冬暖式大棚可以通过剪枝使茄子植株多年生长、多年采果，显著提高了菜农的经济收益。

第二节　茄子的茬口安排

我国南北跨度大，气候条件差别明显，北方地区主要是温带大陆性气候，夏季温热，冬季寒冷；南方气候特点以亚热带季风气候为主，夏季高温多雨，冬季温和少雨。因此，南北方在茄子的栽培方式上是有区别的。根据我国南北方的气候特点及茄子生育期的不同，可将茄子的主要栽培地区分为四个区域：

一、东北、蒙新和青藏地区

(一) 区域范围

本区包括黑龙江、吉林、辽宁北部、内蒙古、新疆、甘肃、陕西北部及青海和西藏等地。

(二) 气候特点

该区属于高纬度地区，其气候特点是冬季寒冷，夏季生长季节气候较温暖、湿润，全年有 3～5 个月平均气温在 0℃ 以下，最冷 1 月份平均气温－12～－28℃，最热 7 月份平均气温在20～25℃，无霜期只有 3～5 个月。年降水量小，约 500 毫米，年日照时数 2 400～3 000 小时。

(三) 主要栽培模式及茬口安排

该地区由于夏季时间较短，且无炎热天气，一年之内只能露地栽培一季生长期较长的蔬菜。但该区特别是西部高原地区，冬季日照充足，利于发展日光温室蔬菜生产。目前该地区茄子的主要茬口安排见表1。

表1　东北、蒙新和青藏地区茄子茬口安排

栽培模式	播种育苗期	定植期	始收期	结束期
露地栽培	2月中下旬	5月下旬	7月初	9月底至10月中旬
塑料大棚栽培（春提早）	1月上旬	4月中旬	6月初	8月下旬
（秋延后）	5月中旬	7月下旬	9月上旬	11上中旬
日光温室栽培（越冬栽培）	9月上旬	11月中旬	次年1月中旬	4月中下旬
（秋冬茬）	7月中下旬	9月上旬	11月初	12月底至次年1月
（冬春茬）	11月中下旬	次年2月中下旬	4月初	8月中下旬

二、华北地区

（一）区域范围

本区包括辽宁南部、河北、北京、天津、河南、山东、山西、陕西和甘肃南部、江苏和安徽省淮河以北的地区。

（二）气候特点

该地区绝大部分属于暖温带气候，最冷的1月份平均气温−1~10℃，冬季有冰冻。全年无霜期200~240天，年降水量400~750毫米，多集中在7~8月，年日照时数2 000~2 700小时。最热的7月平均气温大致在20~28℃，形成了雨热同季和夏季炎热多雨、冬季寒冷干燥的气候特点。该区日光温室、大小暖窖和塑料大棚蔬菜栽培比较发达，是我国主要农业产区之一。

（三）主要栽培模式及茬口安排

该地区大部分位于长城以南、黄河及陇海路以北、太行山以东地区，河北北部、丘陵山地，河北中、南部及山东大部分则为华北最大的冲积平原，地势平旷、灌溉方便，是我国茄子主要栽培区之一，也是目前茄子产业发展较为迅速的主产区之一，其主要茬口安排如表2。

表2　华北地区茄子茬口安排

栽培模式	播种育苗期	定植期	始收期	结束期
露地栽培	1月下旬	4月底或5月初	6月中旬	8月下旬
塑料大棚栽培（春提早）	12月上中旬	次年3月中下旬	5月中旬	9月初旬
（秋延后）	6月下旬	8月上旬	10月初	12月上旬
日光温室栽培（越冬栽培）	9月上中旬	11月中下旬	次年1月中旬	6月中下旬
（秋冬茬）	8月上旬	9月中下旬	11月初	12月底至次年1月
（冬春茬）	11月中下旬	次年2月中下旬	4月初	8月中下旬

三、长江流域

(一)区域范围

本区包括四川、重庆、贵州、湖南、湖北、江西、安徽和江苏省淮河以南地区、浙江、上海及广东、广西、福建三省（自治区）的北部地区。

(二)气候特点

该区气候温和多雨，1月平均气温0～12℃，7月平均气温为24～30℃，无霜期240～300天，全年有8～10个月平均气温在10℃以上。冬季多轻霜，很少有冰冻。年降水量1 000～1 500毫米，并且夏季雨量较多，年日照时数1 750～2 000小时，气候条件非常适合喜温蔬菜的生长。由于本区生长季节较长，露地一年之中可栽培主茬蔬菜三茬，春茬栽培喜温性的茄果类、瓜类、豆类等；秋茬可栽培大白菜、小白菜、萝卜等喜凉性蔬菜；越冬茬可栽培耐寒的菠菜、小白菜等，形成"春、秋、冬三大茬"栽培模式。夏季应用的主要保护措施以遮阳网、防虫网为主，冬季则以塑料大、中棚为主。

(三)主要栽培模式及茬口安排

由于本地区自然条件优越，非常适宜茄子生长，其主要茬口安排见表3。

表3　长江流域地区茄子茬口安排

栽培模式	播种育苗期	定植期	始收期	结束期
露地栽培（春茬）	11～12月下旬	4月上中旬	5月下旬	10月上旬
（秋茬）	5月中旬	7月上中旬	8月下旬	10月下旬
塑料大棚栽培（春提早）	10月上旬	次年2月下旬或3月上旬	4月中下旬	7月中旬
（秋延后）	7月中旬	8月下旬	10月初	次年2月

（续）

栽培模式	播种育苗期	定植期	始收期	结束期
日光温室（越冬茬）	9月上中旬	11月中下旬	次年1月初	次年4月底
（冬春茬）	8月下旬	10月中旬	12月初	次年4月上旬

四、华南地区

（一）区域范围

本区主要包括广东、广西、福建三省（自治区）的南部地区及台湾、海南等地。

（二）气候特点

该区属于热带气候区，全年温暖无冬。1月平均气温在12℃以上，最热7月份平均气温在28℃以上，一般降水量多集中在4～10月份的雨季，年降水量在1 500毫米以上，背山面海的迎风坡可达2 000～4 000毫米，年日照时数多为1 800～2 600小时。该地区全年温暖无霜，全年＞10℃活动积温在6 000℃以上，故蔬菜生产时间长，喜温的茄果类蔬菜也可以在冬季栽培。

（三）主要栽培模式及茬口安排

该地区可实现茄子露地周年栽培，但在7～8月份该地区高温季节，加之台风以及暴雨的影响，茄子病虫害严重，应结合一定的保护措施如遮阳网和防虫网等进行栽培。该地区主要茬口安排如表4。

表4　华南地区茄子茬口安排

栽培模式	播种育苗期	定植期	始收期	结束期
露地栽培（春茬）	10～11月下旬	次年1～2月	4月下旬	7月上旬
（夏茬）	2～3月	4月中下旬	6月上旬	8月上旬
（秋茬）	4月下旬	6月上中旬	7月上旬	11月下旬
（冬茬）	8月上旬	9月上旬	10月中旬	12月下旬

第三节　茄子的生物学特性

一、茄子的生育期

茄子的完整生育期可分为种子发芽期、苗期、开花结果期。其中区别幼苗期和开花坐果期的明显标志是门茄的现蕾开花。

（一）发芽期

从种子吸水萌动到第一片真叶露出为发芽期。

（二）幼苗期

第一片真叶吐心到门茄现蕾开花为幼苗期。在幼苗期同时进行营养器官分化和生殖器官分化，主要进行营养生长。表现为叶片增多、分枝增加、根系扩展等，为以后开花结果期储备必要的养分。

（三）开花坐果期

从门茄开花到整个收获结束为开花坐果期。门茄现蕾开花期是营养生长与生殖生长的过渡期。这个时期以前以营养生长为优势，门茄坐果到瞪眼期后，营养生长逐渐减弱，果实生长占优势，即植株的营养物质分配已转到以生殖器官为中心。在开花结果期是茄子各器官迅速增长的时期，各器官的形成以及生长到果实发育的生殖生长都在不断进行，果实与生长点竞争养分，因此在这个时期必须处理好生殖生长与营养生长的平衡。

二、茄子根系的生长

茄子根系发达，由主根和侧根组成，主要分布在 30 厘米左右深的耕层内。主根粗壮，最深可达 1.3～1.7 米。主根上分生出一级侧根，一级侧根上再分生二级、三级侧根，由这些根组成以主根为中心的根系。根群横向分布的直径可达 1.0～1.3 米。

茄子的大多数根系分布在近地表层 30 厘米以内的土层中，这些根组成以主根为中心的根系。根系的生长发育与土质、土壤肥力以及品种有关，在黏性中或沙性强的土地中，茄子的根系发生量少；而且，茄子根系木质化较早，再生能力不强，所以不宜多次移植。茄子主根虽扎得比较深，但由于叶片面积较大，蒸腾散发的水分较多，故抗旱性弱，品种间抗旱能力差异较大。茄子根系对氧的要求严格，在排水不良的土壤中易造成根系腐烂，因此生产上栽培茄子时应选择土层深厚、排水良好的土壤。

茄子不同品种的地上部和根群的发育状态存在明显的对应关系。植株枝条横展性品种的根系属浅根系，根群横向生长；枝条直立性强的品种，起初在表土层有发达的横展性根，到中途就向下伸长，根群垂直向下生长发达，成伞状分布在土壤深层。茄子根深，能很好地吸收、利用地下水，耐旱性也稍强。

三、茎的生长

（一）茎的形态

茄子的茎为圆形，直立、粗壮，全株密生灰色的绒毛，紫色或绿色。不同品种的植株，株高、分枝能力以及开展度都存在较大差异。一般株高 80～110 厘米，有的甚至高达 2 米以上。幼苗时期茎是草质的，随着植株逐渐长大，茎轴及枝条的干物质逐渐增加而开始木质化，茄子茎和枝条的木质化程度比较高，能够承载地上部植株以及果实的重量，一般情况下可不搭设支架固定。

（二）分枝的动态

茄子的分枝为假轴分枝。早熟品种在主茎 5～8 片叶后、中晚熟品种在主茎 8～9 片叶后，顶芽发育成花芽，形成第一朵花。顶芽形成花芽后，花芽下的 2 个侧芽生成 1 对一级侧枝，几乎均衡生长。当侧枝长出 2～3 片叶时，其顶芽又形成花芽，其下 2 个侧芽再生成 1 对二级侧枝，依此分枝方式，继续形成各级侧枝。茄子的分枝能力较强，需要及时整枝打叶，将无用的侧枝及腋芽抹掉，改善株行间通风透光条件。

四、叶的生长

(一)叶的形态

茄子为互生单叶，有长柄，叶型圆形、长椭圆形和倒卵圆形，叶缘有波浪式钝缺刻，叶长 15～40 厘米，叶面粗糙、有绒毛，部分品种叶脉和叶柄处生有刺毛。紫黑茄品种的叶色多带有紫黑色的绿色，紫黑的程度因品种而有差异。白茄和青茄品种的叶色为绿色。茄子叶面积的大小因品种和它在植株上的着生节位不同而异，一般在植株生长前期长出的下部叶和生长后期长出的顶部叶片较小，中部的叶片较大。

(二)叶的生长

茄子真叶在子叶展开后 10 天左右展开，当 3 片真叶展开时，营养和成花物质积累，3～4 片真叶时生长点顶部的细胞分裂达到最大时期，开始花芽分化，逐步形成花器。茄子在 4 叶时期是营养生长与生殖生长的转折期，4 叶前幼苗的生长量较小，4 叶后生长速度加快。目前，在正常气候条件下，播种后 40 天，子叶展开 30 天后，苗即可达到 6～7 片真叶，播种后 50 天有 10 片真叶。

五、花的生长

(一)花芽分化

随着茄子的苗进行到一定程度的营养生长后，茎的生长点生成促进成花的物质，在这些物质的作用下，影响生长点的分生组织，从而感应花芽分化。茄子的花芽着生在叶与叶之间的节间，花芽的发生则是在茎的顶端。生长点一变成花芽，它的茎就不能再向上伸长；当顶花芽发育到一定程度时，在紧靠顶花芽的侧下方，新的生长点作为腋芽分化，当分化出 2 片叶时，其生长点最顶端又变成花芽；顶芽一变成花芽，茎的伸长就停止，新的生长点又成为那个花芽的腋芽而分化。

（二）花蕾和雌雄蕊发育

茄子花芽分化后，在充分进行光合作用的同时，吸收氮、磷、钾等养分，促进花蕾各部分的发育，萼片、花瓣、雄蕊、雌蕊以及从位于外侧的器官逐步发育，形成花器完全的花。茄子从花芽分化到花器发育完全后开花，约需 30～35 天。茄子花的发育与植株的营养状况密切相关，如果植株营养状态良好、根系发育健全、茎较粗、叶色浓绿，花器也发育得比较好，花型比较大，花梗粗壮，长柱头花增多。

（三）花的形成

茄子的花为两性花，单生或簇生，整个花由花萼、花冠、雄蕊、雌蕊四部分组成。花冠由 5～6 片花瓣组成，紫色或白色，花瓣基部合生成筒状。萼片的颜色与茎相同。雄蕊围绕着雌蕊，雌蕊基部膨大部分为子房，子房上端是花柱，花柱的顶部为柱头，开花时雄蕊花药的顶孔开裂散出花粉，雌蕊的柱头接受花粉。授粉后花粉粒在柱头上萌发，穿过花柱，到达内胚囊，胚珠受精后发育成种子，并产生激素，刺激子房膨大成为果实。

茄子花根据柱头的发育程度，又可分为无柱花、短柱花、中柱花和长柱花等几种类型：

1. 无柱花　无柱花属于畸形花的一类，其花柱几乎未发育，柱头紧靠着子房，无法准确地辨别出花柱部分。

2. 短柱花　短柱花属于畸形花的一类，略微能够看到花柱的发育，并且柱头在开药期自然隐藏在花药筒内部，花柱短，花的各种器官发育不良，花型小、色淡，子房发育不良，受精能力低，是不健全花。

3. 中柱花　茄子的中柱花其柱头处于与花药的顶端大致相同的高度。其授粉率（相对长花柱）低，但也能正常受精结实。

4. 长柱花　茄子的长柱花为正常的健全花，各个器官都发育较好，开花时柱头一般比围绕在花柱的花药长，柱头顶端的边缘部位大，表现为星状花柱，容易在柱头上授粉结实。

茄子花器的大小、花的质量与植株的长势有很大关系，生产上常把花器作为判断植株生长势的重要指标。植株生长健壮、叶片大而肥厚，花则表现为花梗粗、花柱长、花药筒外露，能正常授粉，结果力强，生产上称之为长柱花；反之，表现为花瘦小、花柱短、不能露出花药筒，则不能正常授粉，即使授粉也容易长成畸形果，甚至造成落花落果，生产上称为短柱花。形成短柱花的原因多为肥料、光照不足、干旱和夜温过高等，应及时进行肥水调整。簇生花一般只是基部的一朵完全花坐果，其他花往往脱落，但也有同时着生 2 个果以上的情况，簇生果一般发育迟缓，生产上常选择摘除，以免无谓消耗养分。

茄子开花的时间因环境条件不同而有所不同，天气晴朗、温度和水分等条件都适宜时，5 时 30 分开花，7 时完全开放；而在阴天时，茄子的开花稍迟，大部分到上午 8 时左右才能完全开放。苗子的花期可持续 3~4 天，且夜间花也不闭合，此后花瓣脱落，从开花前 1 天到开花后 3 天内，都有授粉能力。

六、果　实

（一）果实的结构特点

茄子的果实由子房发育而成，属于浆果，以嫩果食用，果肉主要以果皮、胎座和心髓部构成，胎座的海绵薄壁组织很发达，是果实的主要食用部分。

（二）果实的形态

茄子果实的形态和大小有多种多样，具有明显的变异。果型可分为球形、扁球形、椭圆形、卵圆形和长棒形等，其形态的界定根据果实的纵横径比，以及果实的长度来确定。

（三）果实的颜色

茄子果皮的颜色，一般商品果为紫黑色、紫红色、红色、白色、绿色或所有这些颜色的中间色，其中以紫茄最为普遍，老熟后果皮颜色多为黄褐色。茄子的果肉颜色有白色、绿色、黄白色等。

(四) 结果习性

茄子的结果习性很有规律，一般来说，早熟品种主茎长出6～8片叶时，中、晚熟品种主茎长出8～9片叶甚至十几片叶时，其顶芽发育成花芽，停止向上生长，而在其下2个相邻叶腋的潜伏叶芽萌发抽生成侧枝代替主茎生长，2条侧枝几乎均衡生长，因而分杈形成丫形。习惯上将第一朵花开花所结的果实，称为"门茄"。两条侧枝在长出2～3片叶时，其顶端又发育成花芽，同样又分枝一次，成为4条侧枝同时生长，这时形成的2朵花所结的2个果实，叫"对茄"。其后4条侧枝又分枝一次，所形成的4个果实称"四门斗"，再分枝一次形成的8个茄子，称为"八面风"。以后所结的茄子统称为"满天星"。

(五) 果实的成熟

茄子是嫩果为食用器官的蔬菜作物，一般都采收未成熟果实，在茄子开花后15～20天，果实内种子尚未开始硬化前采收上市，其大小可根据品种特性、市场需求以及不同的用途等而有所不同。果实商品成熟到生理成熟大概需要30天，成熟果果重一般20～800克，不同品种间差异较大。

七、种 子

(一) 种子的成熟

茄子在开花后15天开始出现种子的形态；在25～30天后种皮变白，种子未成熟；40天左右种子略带黄色，具有一定的发芽能力，但容易失水，一经干燥种子体积就会显著缩小，甚至丧失活力。在开花55～60天后的茄子种子，种皮着色基本完成，千粒重增加，种子基本成熟；开花60天后，茄子种子千粒重达到最大值，种子的胚完全成熟，发芽能力和发芽势最好。

(二) 种子的数量

茄子单果的种子数由开花期授粉的质量决定，但因品种和栽培环境的不同具有较大差异，一般长茄有800～1 000粒，圆茄有

1 000～2 000粒，部分大圆茄种子数可达2 500粒左右，一些小果型品种只有不到100粒种子。种子千粒重为4～5克，一般在常温保存下，种子的寿命为2～3年，低温下能够有效地延长种子寿命。

（三）种子形态

茄子的种子有种皮、胚乳和胚组成。胚由胚根、胚芽、下胚轴和子叶组成，胚根萌发后发育成植株的根，胚芽发育成地上植株，子叶是幼胚的叶子，胚芽位于两片子叶之间，子叶对胚芽有重要的保护作用和营养作用。种子的形态近似肾形，不同品种间越有差异，侧面性状有圆形脐部明显凹陷和椭圆形脐部凹陷不明显之分。一般当年种子表面光滑、有光泽，呈黄色，陈年种子或采种时未洗干净的种子表面少有光泽，呈淡褐色。

第四节　茄子栽培的环境条件

一、茄子栽培的温度条件

茄子性喜高温，比番茄、辣椒要求的温度高，耐热性也较强，生长发育的适宜温度范围为20～30℃，但不同的生长发育阶段所需要的温度条件也有所不同。

（一）发芽期

茄子属于发芽温度要求较高的作物之一，温度过低，发芽较慢不争气，甚至不发芽；温度过高，发芽快，但植株长势较弱，容易滋生徒长苗。茄子发芽期的最适温度应控制在25～30℃，最低不能低于15℃，最高温度在40℃左右。茄子在恒温条件下发芽不好，为了保证种子出芽快且整齐，需要进行一定的变温处理。

（二）苗期

茄子生产中，一般需要培育壮苗，避免徒长苗。在幼苗初期，温度管理要充分考虑营养生长与花芽分化及发育对温度的要求，其中昼夜温度最为关键。白天的气温应保持促进叶子同化作用的进行，夜间的气温保持适合于使白天在叶子中生产的同化物

质能向生育旺盛的各部分充分转运。为此,白天最适温为25～
30℃,夜间适温为18～20℃。如果温度低于15℃,幼苗生长迟
缓,低于10℃则停止生长,低于8℃且持续时间较长时,幼苗容
易发生冷害,植株表现为瘦弱,叶色暗淡等,严重时会造成茎叶
受害。温度达到35～40℃时,幼苗生长快,容易徒长,形成高
脚苗,同时易造成花芽发育畸形或增加短柱花的比例。

(三)开花结果期

茄子开花结果受温度的影响较大,适当高温有利于促进开花
结果。白天的适宜温度在25℃左右,茄子能正常结果;当最高
温度达不到20℃或高于35℃,就会影响受精,引起茄子结果障
碍。开花结果期夜间适温在18～20℃,如果温度过高,导致同
化物质送往生长部位的量变少,影响果实膨大,严重时还能造成
植株营养不良,从而导致生长缓慢。营养状态良好的健全正常的
茄子花,如果开花期前后气温过低或棚中温度过高,茄子花粉的
发芽和花粉管的伸长就会受阻,不能受精,落花增加,即使前期
不落花,也会变成发育不完全的单性结实果实。

二、茄子栽培的光照条件

茄子是喜光性蔬菜,对光周期的反应不敏感。正常自然条件
下的日照长短对茄子的发育无太大影响,在4～24小时的光照时
间下茄子都可进行花芽分化,但长光照使茄子的幼苗生育旺盛、
花芽分化早、花期提前,而如果光照时间过长,则使叶子变黄或植
株下部叶片脱落;如果光照时间太短,则叶片大而薄,植株比较弱
而徒长,花芽分化晚、开花迟,甚至短柱花多,果实发育不好。

茄子对光照度的要求比较高,光合作用达到最大值时,光饱
和点为4万勒克斯,光补偿点为2千勒克斯。在弱光下生长的茄
子,植株生长衰弱,光合作用能力及产量下降,色素不易形成,
造成果皮着色不均匀,果面斑纹增多等。特别是在保护地栽培,
一些覆盖材料吸收部分光,导致设施内光照减弱,造成茄子果实

产量下降，因此栽培茄子要求设施的采光性能一定要好，同时栽培密度以及株型调整上要更为严格。

光照是影响茄子生长、花芽分化和发育、坐果、果实品质的重要因素。茄子生长发育的不同阶段对光照的要求有所不同。

（一）发芽期

茄科作物的种子一般都具有嫌光性，所以在黑暗处发芽较快，在明亮处发芽慢，但是如果在黑暗过程中给予短时间的光照，发芽比一直黑暗的更快。

（二）苗期

光照对茄子苗期的影响主要受光照度和光照时间共同作用。茄子苗期在自然光照下，光照时间越长，花芽分化越早，着花节位降低；但光照时间缩短，茄子的生育状况变差，花芽分化推迟，首花节位上升等，一般茄苗需要的自然光照时间在 15～16 小时。

（三）开花结果期

在茄子开花结果期，如果遇到光照不足，日照时长减短，由于植株同化量减少，营养状态不良，同化物质向花器中供应减少，会造成开花期延迟，长花柱减少，短花柱增多，而且开花数随着光照的减弱而减少，长花柱的坐果也变得不良，落花明显。光照不足对果实后期的产量影响非常明显，当光量较少时，果实重量也会相应减少，果实数量减少，从而导致茄子大幅度减产。同时，光照不足时，还能影响茄子果皮色素形成，导致茄子果皮着色不匀，果面斑纹增多，特别是紫茄品种着色不良，还容易造成果实腐烂与发病。

三、茄子栽培的水分条件

茄子的光合作用、养分的吸收与转运，通常都是以水分为媒介，所以水分在茄子的整个生长期都具有重要的作用。茄子具有较发达的根系，能够充分利用地下水，但由于其分枝性强、叶片大而薄，蒸腾作用强，开花结果期集中，因此需要充足的水分供应，而且栽培过程中茄子不同的生育阶段对水分的需求存在差异，因此要根据具体情况适度浇水，合理控制土壤湿度和空气湿度，以利于茄子正常生长和发育。

（一）发芽期

茄子发芽期要求水分充足，茄子种子的含水量一般为5%～6%，而发芽时吸收的水分接近其重量的60%。为了使种子发芽，必须有充足的水分，因此需要浸种催芽后再播种。特别在播种时土壤中水分不足、浇水量不够，则导致种子发芽慢、发芽率低。但如果茄子种子发芽时土壤水分过多，种子容易吸水过度，会导致烂种或烂根等情况出现。

（二）苗期

幼苗生长发育初期一定要保持充分的水分，保持苗床湿润，空气相对湿度以70%～80%为宜。但随着幼苗逐渐生长，其根系也不断向纵深方向发展，从周围吸水能力增强，若此时还保持土壤水分过多，空气湿度过大，再遇高温、日照不足或苗床密度过大时，容易导致幼苗徒长，因此随着苗龄的增加，应适当控水，降低温度，尤其降低夜温，以抑制幼苗徒长。定植后到开花结果前，要控水蹲苗，一般不干旱不浇水，促进根系纵深扩展。

（三）开花结果期

在初花期，由于植株生长量大，需水量也随之增加，特别是果实膨大期，需要充足的水分供给。如果水分不足，子房发育受到抑制，不利于果实膨大和植株生长发育，易引起落花落果或畸形果形成。进入结果期，是需水量最大的时期，如果这段时间水分不足，又遇高温干旱期，将会严重阻碍茄子根系对水分和养分的吸收，植株生长势变弱，发育受阻，产量也将大大降低。茄子生长期适宜的土壤含水量14%～18%，如果含水量过高，土壤透气性变差，容易导致沤根、疫病和黄萎病等发生；含水量过低时，植株生长发育缓慢，并可造成短柱花比例增多而长柱花比例减少，从而导致开花、授粉困难，落花落果严重，易出现畸形果、僵果、果实光泽度差等。

四、茄子栽培的土壤条件

茄子对土壤的适应性较强，在沙质土壤或黏质土壤中都能正常发育，但由于茄子耐旱性差、比较耐肥，适于在有机质丰富、土层深厚、保水力强的中性土壤中栽培，以利于茄子根系深扎，形成旺盛的根系。pH6.8～7.3（微酸到微碱性）的土壤条件有利于植株生长，产量最高，如果土壤酸性过大，则容易发生立枯病等病害，可撒施生石灰进行调节。

沙质土壤，地温升得快，适合于茄子早熟栽培，但后期长势较弱，坐果率相对较差。在耕层浅的黏质土壤中，茄子的根系不易充分伸展，从而影响养分的吸收。茄子应避免在排水差、低洼涝地以及保水保肥能力差的重沙土地种植，在这种地块茄子植株生长不良，易发生病害。

茄子不喜连作，主要是茄子很多的病害都是靠土壤传播，在连作地病菌多，不宜除去，发病重。因此，茄子与番茄、辣椒、马铃薯、棉花等作物至少要间隔3年再种；但前茬作物为葱蒜类或水稻、玉米、小麦等大田作物，则有利于高产，茄子与瓜类、豆类等作物轮作也能获得高产。

五、茄子栽培的养分条件

茄子生长发育周期较长，需肥量大，几乎不发生肥料过多的危害。单位面积内施肥量与不同栽培方式、栽培环境以及果实的熟性有关，科学合理施肥，可以提高产量。茄子在各个生育期间对土壤养分的需求量有所不同，一般在生长发育初期，以吸收氮肥、磷肥为主，随着生育期延长，这些肥料转移到花和果实中去，到开花盛期，氮和钾的吸收量将大幅增加。

（一）发芽期

茄子的种子在发芽期间，主要是通过种子内部贮藏的营养物质来维持生长，对土壤中的营养元素吸收很少。如果土壤溶液浓度过高，反而造成危害。因此一般种子未出芽以及小苗期不需要补肥，防止施肥过量而导致烧苗。

（二）苗期

茄子苗期由于根系较弱，对土壤中营养元素的需求较高，但对土壤溶液又很敏感，因此要减少无机肥的使用量。由于做苗床的时候已在土壤中已经施入足量的基肥，在幼苗期，苗床可不再追肥。但如果发现苗期叶片发黄、叶小等生长不良症状，可适当用少量速效肥料作叶面喷肥。特别在苗期应注意氮肥的施用，如果苗期氮素营养不足，导致秧苗生长受阻，影响茄子花芽分化，首花节位上升，花芽分化数增加减慢，从而导致短花柱增多而长花柱减少，不利于坐果，严重影响茄子的产量。

（三）开花结果期

茄子在开始开花后，一边不断地进行营养生长，一边进行生殖生长，不断开花结果。特别是在果实膨大期，养分的需求量达到最大，如果在这个剩余的最盛时期中断供肥，则对产量产生巨大的影响。尤其是氮肥在生育期对茄子的影响最大，如果缺氮，茄子的着果数、坐果率和果实品质都下降，果实的发育速度也受阻，但在结果后期，钾肥的吸收量要比氮肥多，但由于土壤中并不缺钾，因此不必专门追施钾肥。

六、茄子栽培的气体条件

茄子的生长发育离不开空气环境，要求有充足的氧气以及二氧化碳供应。土壤中的氧气含量对茄子的根系生长影响较大，如果土壤积水过多，含氧量低，则会造成茄子根系腐烂死亡。设施内的二氧化碳含量直接关系到植株的光合作用强弱。

（一）氧气对茄子生长的影响

氧气主要作用于茄子发芽期，发芽期供氧充足则有利于茄子发芽，发芽速度快。但氧气浓度下降，茄子种子发芽不良且延迟，特别是对成熟度差或陈种子的影响更大。

（二）二氧化碳对茄子生长发育的影响

二氧化碳作为植物光合作用的原料，茄子对其含量的要求较高。但在设施栽培条件下，尤其在冬季，由于保护地内通风条件差，严重限制了设施内空气的对流，二氧化碳含量相对较低，低浓度的二氧化碳会阻碍茄子的光合作用，导致茄子碳水化合物供应不足，从而阻碍茄子的长势，有利于病虫害发生。因此，必要时应在设施内增施二氧化碳肥，以促进作物生长、增强植株抗逆性、提高果实产量。

（三）设施内有害气体的危害

茄子设施栽培中主要受到氨气、二氧化硫、氯气等有害气体的危害，要注意及时放风排除。茄子对氨气的反应比较迟钝，只有当浓度达 0.04％以上时，茄子才表现出受害症状，表现为叶缘组织先变褐色，后变白色，严重时枯死。为防氨气中毒，保护地栽培时不能施用未充分腐熟的有机肥，尤其不能施用未经腐熟的禽粪、饼肥等；在寒冷季节，因棚内通气量小，因此不要施用碳酸氢铵，尿素不能撒施，要深施。

茄子对二氧化硫的抵抗力较弱，少量的二氧化硫就能使植株受害。二氧化硫通过叶片的气孔很容易被叶片吸收，造成叶片上出现褪绿斑点，严重时导致叶片脱落，植株萎蔫死亡等。二氧化硫来源于生鸡粪和生饼肥分解。放风不及时，适宜作物光合作用的环境条件、充足的水分供应、湿度较高有利于气孔开放及二氧化硫转化为亚硫酸和硫酸，使二氧化硫为害加重。如果植株发生二氧化硫危害，要及时松土，使有害气体尽快释放。同时，加强通风，阴天也要放风，可在早晨揭棚时放风，棚内有害气体含量较大，通过放风，将有害气体放出，降低棚内湿度，从而减轻病害；中午棚内温度高时，也应适当延长放风时间，将有害气体浓度降到最低限度。

第二章

茄子主要优良品种

第一节 优良品种选育原则

我国栽培茄子历史悠久，种类繁多，品种资源也极其丰富。选择适宜的品种是取得理想经济效益的关键环节，也是茄子增收增产的基础。茄子在我国各地普遍栽培，各地的气候环境特点以及消费习惯差异较大，比如东北、华东及华南地区以栽培长茄为主，华北、西北地区以栽培圆茄为主。因此，要根据生产地的自然条件、设施栽培模式、生产目的以及消费习惯，因地制宜地选用茄子品种。在选用茄子优良品种时应综合考虑以下原则。

（一）根据设施栽培模式选择品种

我国近几年保护地茄子栽培发展迅速，各育种单位也选育出许多优良的设施专用茄子品种。因此，选择茄子品种应与所选的设施栽培模式相适应。一些适合露地栽培的品种，可能在保护地内植株生长过于旺盛，容易造成严重的落花落果现象，而导致产量大幅下降；而一些适宜北方栽培的设施专用品种，在南方地区栽培，由于气候的差异以及保护地覆盖材料的不同可能严重减产。因此，只有根据不同栽培模式选择不同的适宜品种，才能获得高产高效。

（二）充分考虑当地的消费习惯

对于茄子生产，不仅需要取得高产高效，更需要使产品能够顺利地销售，因此选用适合销售地人们消费习惯的品种，显得尤为重要。一般来说，华南地区主要以紫红长茄为主，华北地区则比较喜欢紫黑大圆茄，长江流域以及东北大部分地区以生产紫黑长茄和紫红长茄为主，西北地区主要以绿茄和紫红茄为主。各地区都有混合栽培的情况出现，因此生产者在组织和安排茄子生产时，一定要对销售地人们的消费需求进行充分的了解，然后选择相应的品种进行栽培。

（三）依据不同的栽培季节选择品种

不同的栽培季节由于温、光、气等条件的不同，所选用的茄子品种也不尽相同。冬春温室栽培茄子主要供应大中城市，因此比较注重茄子的商品性，需要选用果实性状较佳的品种，而且受冬季自然条件的影响，要求茄子品种具有较强的耐弱光、耐低温、连续坐果率高等特点；早春设施栽培要求选用早熟、耐低温的品种；夏秋栽培应选择耐高温能力强、耐湿、抗病性强的中晚熟品种。

（四）根据当地病虫害的特点选择品种

我国幅员辽阔，自然条件差异较大，在某一地区常常会发生一种特有的病害、虫害等，而且茄子的病虫害较多，这就需要生产者充分注意当地病虫害特点，选用具有较强抗性的茄子品种。

（五）根据经济效益选择品种

设施栽培茄子投入的人力、物力比露地栽培要高，而利用设施栽培茄子对生产者来说就是为了获得最大的利润。因此，在决定种植前，应充分考虑其投资回报的多少。一些名贵、稀有而种植面积不大的茄子品种不一定能带来较高的效益，因此选择适宜的品种，确定合理栽培季节和模式，加上科学的管理才能获得较好的收益。

第二节　主要推广的优良品种

一、紫茄品种

1. 北京六叶茄　北京市地方品种。植株生长中等，门茄着生于第 6 节。果实扁圆形,纵径 9 厘米,横径 10~12 厘米,单果重 400~500 克。果皮黑紫色,有光泽。果肉浅绿白色,肉质致密、细嫩,品质好。早熟性强,较抗绵疫病、褐纹病,但易受红蜘蛛、茶黄螨危害。适宜在北京和华北各地春季露地和大棚栽培。

2. 天津二苨茄 天津市地方品种。门茄着生于主茎第 7~8 片叶上方。果实扁圆球形,纵径 9~13 厘米,横径 12~15 厘米;外皮黑紫色,端部略浅,有光泽,果肉致密、细嫩,果实种子较少,不易老,品质优良,单果重 400~500 克。中早熟、耐热、抗病、喜水肥,较耐贮运。

3. 茄杂 1 号 河北省农业科学院蔬菜花卉研究所育成的早熟型紫黑色圆茄杂交种。株高 80~90 厘米,叶色深绿,生长势强,始花节位 8~9 节。果实膨大速度快,从开花到收获需 15~17 天,比早熟品种六叶茄、快圆短 2~3 天,比短把黑短 7 天。果实高圆形,紫黑色;果面光滑,果把紫黑色,果肉浅绿白,肉质细腻、味甜。果实种子少,商品性好,单果重 500~800 克,单株结果数多。抗逆性及抗寒能力强,宜作早熟栽培。一般每亩*产 4 000~5 000 千克。全国各地都有种植。

4. 茄杂 2 号 河北省农业科学院蔬菜花卉研究所育成的早熟型紫黑色圆茄杂交种。株高 80~90 厘米,叶色深绿,生长势强,始花节位 8~9 节,从开花到采收 16 天,果实圆形,紫红色,有光泽,果把紫色。果肉浅绿白色,肉质细腻、味甜,平均果重 600~800 克,最大果重 2 000 克,单株结果数多,一般每亩产 5 000 千克以上。适于春保护地及露地栽培。

5. 京茄 2 号 北京市农业科学院蔬菜中心选育的中早熟紫黑圆茄品种。该品种植株生长势强,叶色浓绿,叶片大,茎粗壮;花器官较大,果实发育速度快,连续结果能力强,平均单株

---

* 亩为非法定使用计量单位,15 亩=1 公顷。——编者注

结果数十个以上，单果重 500～750 克，亩产量 5 000 千克以上。果实圆球形，果皮紫黑发亮，果肉浅绿白色，肉质致密、细嫩，品质佳。该品种抗黄萎病，后期植株不易衰老，再生能力强；对环境适应性广，既适于大棚、小拱棚覆盖露地早熟栽培，也可进行越夏栽培或秋大棚栽培。

6. 京茄 3 号 北京市农业科学院蔬菜中心选育的中早熟、丰产、抗病圆茄一代杂种。始花节位第 7～8 节，较耐低温、弱光，植株生长势较强，易坐果，连续结果性好，平均单株结果 8～10 个，单果重 500～700 克。果实扁圆形，果皮紫黑色、发亮，果肉浅绿色，肉质致密、细嫩。果实发育速度较快，畸形果少，商品性佳，适合春秋大棚和露地栽培。

7. 京茄 20 北京市农林科学院蔬菜研究中心、北京京研益农科技发展中心选育的茄子杂种一代。长势强，耐贮运，适宜保护地长季节栽培。植株根系发达，主茎生长快，长势极为旺盛，茎高可达 2.5 米以上。叶片大，叶色青绿色。果实黑紫色，果皮光滑油亮，光泽度极佳。果柄及萼片呈鲜绿色，无刺。果形棒状，果长 25～30 厘米，果实横径 5～7 厘米，单果重 200～250 克。果皮厚，不易失水，货架期长，商品价值高。该品种耐低温弱光，抗逆性强，保护地长季节栽培每亩产 18 000 千克以上。

8. 辽茄 3 号 辽宁省农业科学院园艺研究所选育的具有高产、优质、抗病等优点的杂交一代。株高 84.5 厘米，开展度 52.85 厘米，属直立型。叶脉、花冠、果皮均为紫色。果实椭圆形，纵径 18 厘米，横径 9.5 厘米，有光泽，单果重 250 克。糖分含量 4.9%，每 100 克鲜重含维生素 C6.8 毫克。品质优良，商品性状好，经济效益高。

9. 辽茄 4 号 辽宁省农业科学院园艺研究所选育。属于早熟品种，生育期 107 天，从开花到商品果成熟 15～20 天，株高 51 厘米，分枝次数多，再生能力强。叶较小而狭长、紫色，花及萼片均为紫色。果实长 25～30 厘米，果皮黑紫色，光亮皮薄，肉质松软，富含氨基酸，平均单果重200克，前期产量高，每亩可达3 500千克左右，抗黄萎病和绵疫病，适宜密植，适合半季栽培或保护地栽培。

10. 辽茄7号 辽宁省农业科学院蔬菜所育成，早熟紫长茄杂交种。果实长型，长20厘米，粗5厘米，单果质量120~150克，亩产量5 000千克左右。果皮紫黑色，有光泽，商品性好，品质佳，果实肉质紧密，口感好，耐运输。植株直立，叶片上冲，适于密植栽培，且在低温弱光下果实着色良好，适于越冬栽培和早春早熟栽培。早熟栽培用营养钵育苗，从播种到始收100~105天。

11. 辽茄8号 辽宁省农业科学院园艺研究所选育的紫圆茄杂交种。果实圆形，单果重300克左右。果皮黑紫色，极亮，商品性好。果肉白色，质地紧密，耐运输。早熟，生育期110天。产量高，平均亩产5 500千克，耐低温弱光，在弱光下果实着色好。适合春提早、露地、秋延迟栽培。

12. 布利塔 由荷兰瑞克斯旺公司培育的高产抗病耐低温优良品种。该品种植株开展度大，无限生长，花萼小，叶片中等大小，无刺，早熟，丰产性好，生长速度快，采收期长。适于日光温室、大棚多层覆盖越冬及春提早种植。果实长形，长25~35厘米，直径6~8厘米，单果重400~450克，紫黑色，质地光滑油亮，绿萼，绿把，比重大。味道鲜美。耐储存，商品价值高。正常栽培条件下，每亩产量达到18 000千克以上。

13. 尼罗 荷兰瑞克斯旺公司培育的一代杂交种，属长茄类型。该品种植株开展大，株型直立，门茄着生节位低，一般在8~9节。花萼小，叶片小，无刺，无限生长型，生长势中等，坐果率极高，连续结实能力极强。早熟，丰产性好，采收期长。果实长形，平均果长28~35厘米，直径5~7厘米，单果重250~300克。果实紫黑色，在弱光条件下着色良好。质地光滑油亮，绿把，绿萼，比重大，味道鲜美。货架寿命长，商业价值高，每亩产 16 000 千克以上。适于冬季温室和早春保护地种植。

14. 牟尼卡 从瑞士先正达种子公司引进，属于无限生长型早熟一代杂种。该品种植株生长旺盛，节间短，叶色深绿。果实长圆柱形，表皮光滑，紫黑色，果肉乳白色，品质优，萼片绿色，平均单果重 350 克，果长 22 厘米，直径 6 厘米，耐低温弱光，亩产量 8 000 千克。耐运输，商品性好，货架期长。

15. 苏崎茄 江苏省农业科学院蔬菜研究所选育的早中熟茄子一代杂种。该品种株形直立，生长势强，果实长棒形，果长 30 厘米左右，果径 4 厘米左右，单果重约 150 克。果皮紫黑色，光泽强，皮薄，籽少。果肉蛋清色，肉质柔嫩，略甜，商品性好。适于保护地和露地栽培，每亩产量可达 5 000 千克以上。

16. 黑秀茄 江苏省农业科学院蔬菜研究所选育的茄子杂交一代组合。该品种属保护地专用。株高 85 厘米，株型半直立。早熟，首花节位 10 节；果实黑紫色，长条形，果皮光泽强，着色均匀，一致性好，单果重 140 克，商品性好；低温坐果能力强，弱光下着色好，商品果率高，适于日光温室（大棚）越冬或春提早栽培。

17. 苏琦 3 号 江苏省农业科学院蔬菜所选育的茄子一代杂种。早熟，耐低温弱光。植株生长势较强，株形较直立，连续结果性好，早期产量高。果实平均长 30 厘米，粗 5.0 厘米，单果重 200 克。商品果皮色黑紫色，着色均匀，光泽度强，耐老，耐储运。适合全国各地早春保护地栽培。

18. 苏琦 4 号 江苏省农业科学院蔬菜所选育的茄子一代杂种。早熟，耐低温弱光，耐热。植株生长势较强，株形较直立，连续结果性好。果实平均长 32 厘米，粗 4.5 厘米，单果重 200 克。商品果皮黑紫色，着色均匀，光泽度强，耐老，耐储运。适合全国各地早春和秋延后保护地栽培。

19. 墨龙长茄 从韩国引进的极早熟杂交一代品种。该品种果长 30～35 厘米，果径 4 厘米左右，果为长棒形。果皮薄，籽少，果肉细嫩，不易老，口感好，果色呈黑紫色，着色好，有光泽。分枝多，前期及后期产量都很高的高产品种。低温长势强，几乎没有畸形果，商品性极佳。抗病力特强，对低温多湿条件下发生的各种病害有较强抗性。适合大棚、拱棚、露地早熟栽培等。

20. 黑龙王茄子 从日本引进的早熟杂交一代品种。生长势强，8～9 片真叶显蕾，每隔 1～2 片叶生一花序，叶片狭长，叶量较稀，透光性好，叶脉及茎脉紫黑色，复花率高，坐果力强。果实细直棒状，上下一样粗，果长平均 30 厘米，果径 5 厘米，平均单果重 300 克，萼片紫色，果实黑亮，无青头顶，着色均匀，无阴阳面，不褪色，品质极佳。果实紧实度好，极耐储运，无畸形果，商品性好。极耐弱光、低温，高抗灰霉病、黄萎病，适宜越冬日光温室、早春保护地、露地、秋延迟栽培。

21. 瑞丰 2 号 广西省农业科学院蔬菜所选育的早熟品种。该品种苗龄春茬约 60～100 天，秋茬约 40 天。从定植至始收春茬为 50～60 天，秋茬为 40～45 天。植株长势较旺，株形较开张，叶绿色，叶形为长椭圆，边缘有浅裂，叶脉、果柄、萼片均呈紫色。门茄着生于第 8～9 节，花紫色，易坐果，果实棒形，果实下端稍尖，商品果长 26～28 厘米，粗 3.5～4.0 厘米，单果重 150～180 克，茄子外皮紫红色、有光泽，皮薄肉嫩，肉白色且切口不易变褐色，质柔软，品质佳，略有香味；不抗青枯病，成株耐寒性及耐热性强，幼苗耐热性中等，耐肥，适合春、夏、秋露地栽培。

二、红茄品种

1. 安阳大红茄 由河南省安阳市蔬菜科学研究所从安阳地方红茄中系统筛选而成的优质红茄新品种。植株生长势强，叶片较大，叶色深绿带紫晕，株高约 90 厘米，株幅约 85 厘米。门茄着生于第 9~10 节，果实近圆形，单果重 500~1 000 克。果实紫红色，有光泽，肉质纯白细嫩，味甜，商品性好，耐贮运，在 25~27℃ 下放置 5~7 天不失水。植株连续坐果能力强，单株可同时坐果 13 个，产量 8~10 千克。一般每亩栽植 2 200~2 500 株，产量 6 500~7 000 千克。中晚熟，耐热、抗病，适应性广，在我国茄子种植区可作春秋两季及越夏栽培，亦可用于保护地栽培。

2. 杭州红茄 浙江地方品种。株型较矮，长势较弱，株高约 50 厘米，开展度 41 厘米×47 厘米，分枝能力强，抗性中等，耐低温、耐高温能力较弱，第 9~10 叶出现第一朵花；果实细长均匀，长 25~30 厘米，果皮紫红色，表面光泽鲜亮，果皮薄，果肉白色，质糯，食味鲜美。一般亩产 2 000~2 500 千克。

3. 杭茄 1 号 浙江省杭州市蔬菜科学研究所育成的杂种一代。株高 70 厘米，开展度 80 厘米×80 厘米，第 10~11 节上着生第一朵雌花，果长 30~40 厘米，果皮薄，红紫色且有光泽，果肉白色，单果重 36 克左右。早熟，抗病性好，耐寒性强，品质糯，食味佳。

4. 早丰红茄 华南农业大学园艺学院选育的茄子杂交一代早熟红茄新品种。植株高 900~100 厘米，叶片较细，坐果能力强，单株结果数较多，果长棍棒形，均匀，皮紫红色，肉白色，末端略尖，果长 27.2 厘米，果宽 4.6 厘米，单果重 182 克，抗病性稍差。适宜华南地区各地春、秋季种植。

5. 早红茄 又名三叶茄，四川省成都市地方品种。株高 90~100 厘米，开展度 50 厘米~60 厘米。门茄着生于主茎 7~9 叶节上方。果实棒形，长 22~25 厘米，横径 7~8 厘米。外皮紫红色，果脐小。果皮较厚，果肉疏松、细嫩，纤维少，含水分多。单果重 250 克左右。早熟。较耐寒，但抗病力较弱。适于春季露地栽培。每亩产量 1 500~2 000 千克。

6. 庆丰红茄 中早熟，植株生长势强，株高 120 厘米。果实顺直，头尾匀称，平均单果重约 250 克，果实长 28～30 厘米。果皮紫红色，果面平滑，光泽度好。果肉白色，紧密，软嫩。品质优良。耐病性好，连续做果能力强。

7. 引茄 1 号　浙江农业新品种引进开发中心选育完成的杂交一代紫红长茄品种。该品种株型较直立、紧凑，生长势强，开展度 80 厘米×85 厘米，根系发达，再生能力强。商品性好，商品率高，果长 35～40 厘米，果粗 2.2～2.5 厘米，单果重 60～70 克，果实果形长直，尖头，不易打弯，果皮紫红色，光泽好，外观光滑漂亮。品质好，肉质洁白，果肉褐变速度慢，粗纤维含量少，外皮极薄，口感细嫩而糯，入口即化。丰产性显著，结果层密，坐果率高，持续采收期长，一般每亩产 3 800 千克以上。

8. 红茄 034　江苏省农业科学院蔬菜研究所最新选育的茄子一代杂种。株高 104 厘米，株型直立。适宜露地早熟栽培。熟性比对照抗茄 1 号早 2～5 天。首花节位 10 节，果实紫红色，细长条形，27 厘米×2.5 厘米，光泽强，一致性好，单果重 62.4 克，品质优。耐热性强，高温下能保持正常颜色及光泽。

三、绿茄品种

1. 棒绿茄　辽宁省农业科学院园艺研究所育成。直立型品种，植株生长势较强，茎叶繁茂，株高 75 厘米，开展度 76 厘米。茎秆和叶脉均为绿色，叶片肥大，叶缘波状。花紫色。果实长棒形，纵经 20 厘米，横径 5.5 厘米。果皮油绿色，富有光泽，果顶略尖。果肉白色，松软细嫩，味甜质优，单果重 250 克。抗黄萎病和绵疫病能力较强。从播种到商品果始收期为 112 天左右，属于中早熟品种。高产性和稳产性好，每亩产量高达 5 000 千克。适应性较强，在我国东北、华北、西北、西南、华中和华东等地区都可用于露地栽培和保护地栽培。

2. 西安绿茄　西安地方品种，植株长势较强，门茄着生在 7～8 节上方。果实卵圆形，果皮油绿色，光泽好，果皮较厚，果肉白色，较紧密，耐运输。单果重 300～500 克，丰产性较好，每亩产量 4 000 千克以上。抗病性一般，较耐低温，是中早熟品种。我国北方保护地绿茄栽培区栽培较多。

3. 真绿茄　辽宁省农业科学院育成的高产、优质、抗病和早熟茄子新品种。株高 71.6 厘米，开展度 70.2 厘米。茎秆、叶片和叶脉均为绿色，叶片肥大，叶缘波状；花紫色。果实长椭圆形，纵径 18 厘米，横径 7 厘米，果皮鲜绿色、有光泽。果肉白色，松软细嫩，味甜质优，商品性状好，单果重 350 克。在辽沈地区从播种到商品果始收期仅需 109 天左右，属于中早熟品种。在我国大部分地区都可用于露地栽培和保护地栽培。

4. 绿罐 2303　极早熟绿茄杂交品种。生长势强，株型紧凑，耐低温，抗高温。低温下不易畸形，管理容易。果面光滑无棱沟，果型端正，长卵圆形，皮色极其亮绿，果形硕大，单果重 700～1 500 克，商品性极佳。对早疫病、灰霉病、免疫病、菌核病和褐纹病抗性明显增强。果肉细密，耐贮藏和运输。易坐果，果实发育速度快，四门斗连续结实能力强，早春大拱棚栽培，每亩产量可达 15 000 千克。

5. 绿茄霸　为大棚早熟栽培特别选育的品种。长茄，棒状，绿色光亮，品质好，抗病能力强。耐低温生长。节间短，结果集中，连续结果能力强。茄长 20 厘米左右，粗 6～8 厘米，平均单果重 240 克左右，平均每亩产量 5 000 千克左右，最高产量可达 12 000 千克。是冬春季生产抢早上市的最好品种之一。

6. 茄杂 5 号　河北省农林科学院经济作物研究所培育，中熟品种。果实灯泡型，绿色，绿把。单果重 500～700 克。果实膨大速度快，每亩产量 5 000 千克以上。适于保护地以及露地种植。

四、白茄品种

1. 白玉白茄　广东省农业科学院蔬菜研究所选育的杂交一

代品种。植株生长势强，株高约 96 厘米，开展度 85.7 厘米～95.7 厘米。早熟，播种至始收，春季 105 天，秋季 86 天，延续采收期 46～68 天，全生育期 151～154 天。果实长棒形，头尾均匀，尾部尖。果皮白色，光泽度好，果面着色均匀，果上萼片呈绿色。果肉白色、紧实。果长 25.7～26.1 厘米，横径 4.11～4.30 厘米。单果重 191.9～192.2 克。

2. 白衣天使　安徽省农业科学院园艺研究所选育的杂交一代新品种。该品种植株生长势强，分枝力中等，叶色淡绿。果实粗棒形，白皮白肉，果面光滑，果肉细嫩，一般单果重 200 克左右，每亩产量 3 500～4 000 千克。高抗枯萎病和绵疫病，适宜保护地和春夏露地栽培。

3. 白雪公主　早熟杂交种。植株高 90～100 厘米，株幅 75 厘米。生长势旺盛，果长 25～35 厘米，果粗 6 厘米，单果重 250～300 克。果形粗细均匀美观，茄条白色，光泽度强。不早衰，生长中后期果实色度一致。无畸形果，商品性好，优质丰产，口感绵软。抗病抗逆性强，适应性广。耐弱光，根系发达，采收时间长，每亩产量最高可达 10 000 千克。

4. 白蛋茄　白蛋茄模样像鸡蛋，外皮比普通茄子还硬，里面的瓤看起来和普通茄子区别不大，水分少，干物质多。原产于非洲，抗病能力很强。适合各地生长，露地和大棚都可以。每年 3 月份育苗，因其抗病能力强，不容易生病，抗旱，在我国北方和南方都可种植，管理上也和普通茄子没有区别，平均每亩产量 4 000 千克左右。果实富含丰富蛋白质、碳水化合物、维生素和膳食纤维。

第三章

茄子育苗技术

农谚道："苗好五成收"。任何一种蔬菜要获得较高产量和极佳品质，都要以培育优质壮苗为基础。育苗是蔬菜生产的特色，培育出优质适龄壮苗是获得高产高效的关键措施之一。茄子是蔬菜中较难培育优质壮苗的一种，其培育优质适龄壮苗对茄子生产具有重要意义。通过培育壮苗可以缩短茄子在大田的生长时间，增加土地的利用率，提高复种指数，显著提高茄子产量和经济效益。培育壮苗还可以提早成熟，延长茄子上市供应时间，同时育苗过程也便于管理，还具有调节劳动力、节省种子等优点。

第一节　常规育苗

一、壮苗标准

育苗是茄子保护地栽培的重要环节之一。茄子的种子发芽和秧苗生长对环境条件很敏感，其全部产量或早期产量的花芽在育苗期间分化或完成花芽发育，因此秧苗质量尤为重要，对育苗技术有很高的要求。茄子适龄壮苗的生理苗龄为 7～8 片叶，日历苗龄为 90 天左右。壮苗的外部标准为植株健壮，株高 15～18 厘米，叶片肥厚且舒展，没有黄叶病叶出现。茎粗壮，节间短，无徒长现象。根系发达，无病虫害症状。壮苗的生理生化指标，定植后根系的吸收功能恢复快，能够在短时间内缓苗并进入正常生长。植株定植后，抗逆性强，表现抗寒、抗旱，对不良环境条件适应性较强。

二、育苗床的准备

（一）床土配制

茄子幼苗对于土壤温度、湿度、营养和通气性等都有较为严格的要求，床土的质量好坏直接影响茄子幼苗的生长发育，因此设施栽培茄子应特别注意床土的质量。营养土主要包括土壤和肥料两部分，其中土壤是配制床土的主要成分，一般占30%～50%，必须是无病非茄科园土，最好是从豆类、葱蒜类等茬口的地块上取土，以15～20厘米的表层土壤为好，要求保水、保肥和通气性较好，一般要求有机质在3%以上，同时含有一定量的速效氮、磷、钾等元素。将园土与腐熟人畜粪、秸秆、谷壳和草木灰等混合均匀，喷洒适量杀菌剂和杀虫剂后用塑料薄膜封严发酵。有机肥与园土最佳比例为：2/4园土、1/4人畜粪、1/4秸秆和草木灰。

（二）床土消毒

为了减少茄子苗期的病害，必须进行床土消毒处理。目前生产中运用最多的是药剂消毒法，常用的床土消毒剂有以下几种：

1. 代森锰锌和多菌灵消毒　每立方米基质或营养土加入多菌灵或代森锰锌0.5千克，充分混匀，用塑料薄膜覆盖2～3天，然后撤膜，待药味挥发后使用。

2. 福尔马林（40%甲醛）**消毒**　用福尔马林消毒可防治茄子猝倒病、菌核病等。播种前15～20天，将20～300毫升福尔马林（40%甲醛）加水25～30千克的溶液，喷入1 000千克床土，充分拌匀，盖上薄膜，堆闷2～3天，即可达到消毒的目的。然后，揭去薄膜，经15～20天散发，待床土中的福尔马林气体散发尽后，即可配制营养土。为了加快药物的散发，可将土弄松，如果药味未散完，会使茄子发生药害，不能立即用来播种。

3. 五氯硝基苯消毒　用五氯硝基苯与福美双可湿性粉剂等量混合后，1米^{3}的培养土拌入混合药剂0.12～0.15千克。为了便于混匀，可先将药剂拌入干细土 15 千克，再均匀混入营养土中。这种培养土最好做垫籽土和盖籽土，可防止猝倒病和立枯病。

4. 高锰酸钾消毒 用高锰酸钾消毒对茄子苗期猝倒病和立枯病等较有效。在茄子播种前用 500 倍液浇灌育苗土，浇透为止。

另外，也可以采用物理消毒法，比如高温水蒸气消毒和日光消毒等。这些消毒方法相对人和茄苗等较为安全，对环境也无污染。但受到一些条件的限制，因此在实际生产过程中运用较少。

（三）苗床建立

1. 苗床面积的确定 在做苗床前一定要规划好所需要苗床的大小。一般在育苗时，如果采取一次成苗，则宜适当稀播，每 10 米² 苗床播种 50 克左右。如果在育苗过程中要进行一次分苗，则控制在 10 米² 的苗床播种 100 克左右。

2. 酿热温床建造 热温床是指床底埋有酿热物的温床。可采用马粪、枯草或垃圾等有机物作酿热物，通过微生物的分解作用而发酵生热。

（1）挖床坑

酿热温床的关键技术是床坑的深度，即酿热填充物的厚度。床坑的深度要按照各地的气候条件、苗龄的长短和酿热物发热量的大小而定。气候寒冷、苗龄长、酿热物发热量小，则要求床坑挖得深，以便多填充酿热物，提高床温。如在双斜面温室或塑料棚中挖温床或用露地塑料小拱棚做酿热温床，床坑底修成两边稍低，中间呈"龟背"形，平均深度为 40～50 厘米。这是由于床坑的边缘热量易于散失，需增加酿热物而产生较多的热量，以补偿散失的热量，使整个苗床的温度基本保持一致。拱形温床可挖成宽 100～120 厘米，中部深 30～35 厘米，四周深 40～50 厘米。斜面温床可挖成宽 120～150 厘米，中部深 35～40 厘米，四周深

45~50厘米。长度与冷床相同。

（2）酿热物的种类

酿热物一般都是就地取材，尽量使用价廉的有机物。根据其碳、氮含量不同，可分为高热酿热物和低热酿热物。前者如新鲜的马、羊、鸡、鸭粪等，后者有猪、牛粪、秸秆和稻草等。南方地区一般为新鲜的猪、牛、羊粪为主，辅以新鲜的人粪尿和鸡、鸭粪等高热酿物。北方地区则多为马、羊、鸡、兔粪等。在酿热物中效果最好的是马粪。

（3）垫放酿热物

苗床挖好后，北方各地应选用未结冻并刚开始发酵的马粪，切不可用冻马粪或已经发过酵的马粪，南方各地应选新鲜马粪。踩马粪时应注意干湿适度，如果过干，要泼一些水，做到用力一踩略见水即可。马粪踩好后，马上盖上塑料薄膜，不留缝隙，以防老鼠等窜入。夜间盖帘保温，并在马粪中插上温度计，观察发热情况。铺放酿热物时，应分2~3次填入，每填一次都要踩平踩实。直到酿热的中部厚度达到15~20厘米，四周达到20~30厘米为止。然后在酿热物上面铺2厘米的碎土或细沙，使摆入的育苗钵平稳、整齐。待2~3天后即可摆入装有营养土的育苗钵，准备播种育苗。

垫酿热物时应注意：①垫酿热物的时间，最好在播种前1周左右。若用几种不同的酿热材料或冷性和热性的有机物，则可以分层搭配填充，以使发热充分和均匀；②酿热物一定要新鲜和刚开始发酵的，才能产生足够的热量；③填酿热物时，最好浇适量的新鲜人粪尿，使酿热物的含水量为65%~70%，其发酵升热快；④酿热物只能填至离床坑口17~22厘米处，若垫得太满，易散热，保温效果差；若垫得太低，播种、"摘帽"等苗床操作不方便。

3. 电热温床的建立 电热温床指在床土下8~10厘米处铺设电热线，对床土进行加温的育苗设施，具有升温快、地温高、温度均匀，调节灵敏，使用时间不受季节限制等优点。目前这项技术在我国广大农村家庭栽培茄子的育苗中普及应用。

（1）选择合适的设备

电热温床的主要设备是电热加温线和控温仪。当前生产电热加温线和控温仪的厂家很多，型号各异，目前常用的包括 400～1 000 瓦几种规格，其长度为 60、80、100、120 米四种类型，可根据需要选用。

（2）电热温床的布线距离和功率密度

从降低成本、保证育苗质量的角度考虑，一般电热温床的功率密度以每平方米 100 瓦为宜。在 1 月份外界气温小于 10℃时，温床内气温可保持在 15～20℃。按这一功率密度布线，两线间的平均距离是 10 厘米。在大棚和温室内可用等距布线方式，在风障阳畦内需采用不等距方式，布线距离由南向北为 2、6、6、6、10、10、10、10、14、14、14、10、10、10、2 厘米，畦的两边缘与线的距离为 2 厘米。按这种功率密度，1 000 瓦的电热加温线可供 10 米² 育苗畦用，一个标准育苗畦（1.5 米×22.5 米）需用 3 条电热线。

（3）电热温床布置

先在普通风障阳畦、大棚或温室内的育苗畦上施有机肥。把施好肥的畦土，取出 10 厘米深，放到畦的外面，然后整平畦底。在畦两侧按布线距离钉上小木桩，线在木桩上绕过，线要拉得松紧均匀，使线在地面呈平行状态。线的另一头在畦中央时，可就地钉桩固定，把引线扯到畦外，然后开始绕另一条线。如线过长，可在畦内多绕一道。用万能表或其他方法检查电热加温线是否畅通。如无问题便可埋土，轻轻覆盖薄土 2～3 厘米后用脚踏实，固定线的位置。把原来取出的畦土均匀撒入畦内，整平后播种。如果用营养钵或育苗盘育苗，可先在电热加温线上覆土 2 厘米，然后把营养钵或育苗盘摆上即可。电热加温线的线头连在控温仪引出的电源线上，控温仪按仪器说明接通电源，把感头插入控温位置。

　　铺设电热温床时应注意事项：①电源线、控温仪、交流接触器及电热加温线之间的连接线和线路控制设备的安全负载电流量，一定要和电热加温线的总功率相适应，千万不要超负荷，以防发生危险。②在电热温床内工作时，应先切断电源，防止用铁锹、瓜铲等工具划破电热线的保护层；禁止剪断或接长电热线使用，因其电阻是固定的，当长度变化后容易出现温度过高或过低的现象。③布线时不要让电热加温线互相靠接或扭结在一起，以免发热烧坏电热加温线保护层，电热加温线的接头必须全部埋入土中，不要暴露在空气中，更不能在空气中试电或做空气加热用，防止烧破保护层。

三、种子处理

　　在播种前进行种子处理，可提高发芽率和预防病害。特别是茄子种子大多数都有休眠期，种皮厚而致密，外层有胶质，浸水后胶质膨胀包被种皮，致使种皮透气性差，容易造成不发芽或出苗不齐等现象，因此茄子种子在播种前都要进行适当的处理。茄子种子处理主要包括打破休眠、浸种、消毒与催芽等。

（一）打破休眠

　　当年采收的茄子种子，常有一段休眠期，即使进行温汤浸种，对发芽的促进效果也不明显，发芽天数显著增加。但生产上为了及时播种和促进出苗整齐，必须打破种子休眠。常用的方法是在浓度为100～200毫克/升的赤霉素溶液中浸种12～24小时，能显著促进茄子种子的发芽。

（二）浸种

　　在确定好茄子播期后，在播种前5天要及时进行浸种催芽。浸种可使茄子种子发芽快，出苗好，并有助于提高苗子的抗逆性。目前常用的浸种方法有普通浸种和温汤浸种。

1. 普通浸种　　用20~25℃的干净清水浸泡茄子种子,经搅动将浮在水面上的瘪籽去除,再搓洗种子,去掉粘在种皮上的果肉、果皮等杂质,然后再换清水浸泡4~6小时,直至种子充分吸水膨胀。

2. 温汤浸种　　将待播的种子装入纱布袋中,放入50~55℃温水中不断搅拌,并保持水温15~20分钟,转入30℃的温水中继续侵泡2小时。然后用手充分揉搓种子,并用清水清洗干净,以达到完全去除种皮上的胶黏物质,再用25℃的水继续浸泡6小时。这种方法能够杀死附着在茄子种子表面和内部的病菌,也起到消毒杀菌的作用。

3. 间歇性浸种　　先将种子浸泡8小时,然后从水中取出种子袋,摊晒4~8小时,再浸泡8小时,再次摊晒4~8小时,以手摸不黏为准。这种浸种方式可使水分充分渗入种子内部,避免种子吸水过度而影响透气性,能够充分保证种子在发芽过程中对氧气的需求,促进茄子提早发芽,并缩短了催芽时间。

4. 药剂浸种　　种子进行药液浸种的消毒效果要比温汤浸种好,但是药液浸种的浓度和时间必须严格把握,避免产生药害。常用的药剂有50%多菌灵可湿性粉剂1 000倍液,浸种20分钟,福尔马林100倍液浸种10分钟,10%磷酸三钠浸种20分钟,0.2%高锰酸钾液浸种10分钟。浸种完成后必须反复用清水冲洗,然后催芽播种。

(三) 催芽

将已经浸好的种子用干净的毛巾或湿纱布包好,放在适宜的温度条件下萌发。在有条件的地方最好放置在培养箱、催芽箱或特制的催芽器具中催芽。催芽时温度一般保持在30℃左右,并注意保持种子湿度,一般每隔6小时就需要将种子翻动一次,使种子内外受热均匀,同时补充水分。待有70%~80%的种子露白后即可停止催芽,进行播种。

四、播　　种

（一）播种期与播种量的确定

1. 播种期的确定　我国各地区环境差异较大，温度变化各异，由于茄子的茬口安排和栽培方法不同，播种期必须因地制宜，灵活安排。一般在长江以南地区由于温度相对较高，播种较早，而长江以北地区则较迟。茄子播种期的确定还应充分考虑育苗的保护地条件，温室电加温育苗可早播，普通苗床、苗多等应迟播，避免茄子苗徒长。

早春设施栽培茄子，必须保证近地 10 厘米处最低气温稳定在 15℃以上才可定植，茄子苗龄 80～90 天，最好能够带花移栽，东北地区一般在 4 月中下旬定植，育苗时间在 1 月中旬；华北地区茄子在 4 月上旬即可定植在塑料大棚中，其育苗时间在 1 月中下旬即可；长江流域塑料大棚栽培茄子在清明左右定植，育苗期在头年的 12 月下旬或 1 月上旬。夏季茄子栽培和秋延后茄子栽培的适宜苗龄为 60 天左右，定植期向前推 65～70 天，即为茄子的播种育苗期。

2. 播种量的确定　茄子因品种的不同其种子大小差异较大，一般的茄子种子千粒重 2.5～4.5 克。目前生产的茄子品种的发芽率 90%～95%，有效苗率 85%～95%，生产上的成苗率 70%～80%。以普通品种的千粒重为 3.5 克计算，每克种子大约有 300 粒种子，以每亩定植 2500 株计算，其计算公式如下：

每亩用种量＝2 500÷（300×0.9×0.85×0.7）＝15.6 克

但在生产过程中为了应对一些突发事件，如病害、虫害以及自然灾害等，在育苗时都要有 20%～30% 的预备苗。因此，在购买种子的时候，应根据栽培面积，计算出实际需要的种子量，然后在此基础上增加 20%～30% 的用种量。也就是说一般每亩需备种子 20 克左右。

（二）播种方法

播种的前一天，整平床面，将床土表面的土块、石头等杂质去除干净，并将苗床浇足底水。浇水的标准要求使床内 8～10 厘米内的土层都湿润，这样做可以维持到出苗前都不需要浇水。浇水时应往返一次性浇透，以免床面积水、土面板结。水量不宜过少，往返次数不能多，否则影响出苗。播种最好采用撒播法或条播法，做到每次少播一些，来回多播几次，要尽量保证种子在苗床内均匀分布。可将浸种后的种子拌上干细土、煤灰或干谷壳等再播种，播种过程中撒种力度不宜过大，以防损伤已经露白的种子幼芽。播种后要及时覆盖 1 厘米左右的优质培养土或基质等，覆土要均匀，这样才能保证出苗整齐，覆土后再覆盖地膜或报纸，增温保墒。但要注意覆土不能太薄，否则会造成茄子"戴帽"出土，致使茄子的子叶不能完全展开，严重影响苗期光合作用，阻碍茄子的生长。

由于茄子对苗床的环境条件要求比较严格，播种时应选晴天上午 10 时到下午 2 时进行，夏季育苗则要在傍晚进行。寒冷季节育苗时，播种后要及时采取覆盖保温等措施，促进种子发芽，否则容易导致出苗不齐。

五、苗期管理

（一）播种到出苗前的管理

茄子播种到出苗前的管理主要是温度管理。刚播种后的茄子苗床一般不通风，应保持较高的床温，床土适当湿润，空气比较干燥。一般白天气温应保持 25～30℃，夜间 15～20℃，湿度不超过 70%。地温保持在 25℃左右，夜间在 20℃左右，如果苗床温度超过 35℃时，应在中午前后适当短时间放风，以防烤苗。在温度适宜的环境条件下，一般 5～6 天即可出苗，但地温、气温过低时，出苗时间可长达 20 多天甚至不出苗。因此，播种后要重点注意温度的变化，外界温度低的时候，一定要注意保温防寒。

当大部分幼苗开始顶土时，应加强管理，及时撤掉苗床上地膜等覆盖物，以防由于温度过高烤伤幼芽。每天中午应适当揭膜通小风，防止出苗过快，造成高脚苗。撤掉地膜后，如果床面土壤干燥，可用细孔喷壶适当洒水，使表层土壤湿润。在出苗过程中如果发现有"戴帽"出土的苗子，应人工及时摘除种皮。摘帽过程中，动作一定要轻，不能折断子叶或茎干。

（二）出苗期管理

出苗期是指包括茄子幼苗出土到子叶展开、真叶露心阶段。要保持适温，促进全苗，一般在播种后 6～10 天即可全部出苗。如果环境条件不适或管理不善，会发生茄子不出苗、出苗不一致、苗床内秧苗的分布不均匀、种壳带帽、畸形苗及病死苗等现象。出苗期容易出现的问题如下。

1. 土壤板结　导致土壤板结的原因是由于床土土质差，质地黏重，结构不疏松，既容易产生板结现象，也可能是开始底水浇得不够。因此，在选择床土的时候一定要用优质的田园土，并拌入合适比例的堆肥等；浇足底水，足墒播种，尽量在出苗前不浇水或少浇水；并且在播种后要及时覆盖地膜或报纸等进行保湿。

2. 不出苗　种子质量差、温度太高或者太低、湿度不适宜、堆肥施用过多或覆土过深等，均有可能造成出苗迟或者不出苗。解决不出苗的关键是要找出具体原因，针对具体情况采取相应措施。如果所播种子已经烂掉，应及时补播。

3. 出苗不一致　造成出苗时间不一致、不整齐的主要原因，一是茄子种子质量差，成熟度不一致，一些不饱满的种子发芽势低，出苗缓慢，或者在种子储藏过程中受潮，削弱了种子的发芽和出苗的能力；二是购买的种子新、陈混合，新种子发芽势强，出苗快，但陈种子出苗相对较差；三是种子在催芽过程中，温、湿度不均匀导致各粒种子的发芽不一致，其中出苗期相差可达 10 天；四是播种的深浅不一，覆土厚度不一，播种浅的种子往往先出苗，播种深的种子则出苗较晚，播种深浅差异越大，种子的出苗时间差异也越大。

4. 幼苗"戴帽"出土　茄子幼苗"戴帽"出土主要有三个原因：一是种子的成熟度不够导致生命力过低，幼苗出土时无力脱壳；二是覆土太薄导致压力太小；三是播种密度过大，导致覆土的压力不足，整个表层土都被幼苗顶起。因此，为防止幼苗"戴帽"出土，尽量选用新种子，在播种前一定要浇足底水，覆土不能太薄，播种不宜太密，发现种子带壳，要及时覆盖一层细土或人工去壳。

（三）出苗到分苗期的管理

幼苗出土到子叶展开、真叶露心这一阶段，如温度过高，易导致秧苗徒长，形成高脚苗，因此，这一时期内以控温为主，当 70％～80％苗子出土时要通风降温，使气温逐渐降为白天最高 25℃，夜间控制在 15～18℃，次日早上温度最低不低于 8℃，此间要严防夜间高温。幼苗出齐后，要再覆一层土，以弥合苗间的缝隙。以后应每隔 3～5 天覆一次土，既可保墒又可增温，每次覆土要薄且撒均匀，选晴天叶面无水珠时进行覆土后应清除黏附到苗子上的土。此外，间苗后也要立即覆一次土，土厚可达 0.7 厘米左右。对于徒长的高脚苗可酌情覆一次土，如果床土湿度大，也可通过覆一层细干土降湿。

当真叶开始显露时，适当提高温度，白天最高 26～28℃，次日早上最低应在 10℃左右，以利于幼苗生长。在第一片真叶展开到分苗，这段时间内幼苗不断发生新根，生长加快，如控制不当也易造成地上部徒长，这时应适当通风降温，白天控制在 22～25℃，夜间 13～15℃。到第三片真叶展开时，应逐渐加大通风量，进行低温炼苗，以备分苗。尤其早春提早栽培的温室育苗，分苗前要加强低温锻炼，以适应分苗后的环境条件。如遇阴雪天气，雪后要立即清扫草帘上的雪，揭帘见光，使幼苗尽可能地接受散射光，并适当通风排湿。不能只为保温而不揭帘见光，因为弱光高湿条件下，幼苗最易发病。连阴天后，一旦天气放晴，应避免马上大揭大放，预防蒸发量骤增后导致萎蔫现象。

（四）间苗及分苗后的管理

茄子苗的个体较大，占用空间较大，如果密度过大，苗子挤到一起，相互间遮光，而光照不足，容易造成徒长，形成高脚苗、弱苗和弯茎苗。因此，茄子在齐苗后要及时间苗。间苗不仅能够促进幼根产生更多的须根，使根系集中分布在主干附近的土壤中，而且有利于扩大幼苗的营养面积，使幼苗有足够的空间生长。

茄子一般在3～4片真叶时进行花芽分化，因此分苗一般都在一叶一心或两叶一心（即有2～3片真叶）时进行，最迟不能超过4片真叶，分苗过晚容易导致秧苗拥挤徒长，影响花芽分化，如果秧苗过密或徒长现象明显，则应提早分苗。分苗前2～3天，苗床内浇一次水，以利于起苗，减少伤根。最好采用塑料钵或营养土块分块，有利于实现护根保苗，分苗前将营养钵装好土后放在苗床上，将幼苗栽好、浇透水，栽植深度以盖住根部以上1厘米左右为宜，并加盖不透明覆盖物，避免阳光直射而导致幼苗萎蔫，同时也起到保温的作用。分苗过程中应注意选苗，把病苗、过小苗、严重徒长苗等淘汰掉，并将苗子按照大小分级，分别摆放到苗床的不同位置，便于分别管理，有利于育成整齐一致的壮苗。

分苗后5～10天为缓苗活棵期，为促进茄子发根和活棵，应以保温、防冻、促缓苗为主进行温湿度管理。白天温度保持在25～30℃，夜间15～18℃，如棚温过高，茄子幼苗容易发生萎蔫，严重时甚至导致苗叶干枯，应在中午前后将小棚或棚室进行短时间通风或适当遮阴，以免温度太高使茄子根系未恢复前蒸腾太大，引起失水。当幼苗心叶开始生长，标志着缓苗已结束。

缓苗后，主要是保证幼苗的光合作用，并通过控制苗床的温度和湿度，创造有利于幼苗生长的条件，充分进行幼苗锻炼，培育壮苗。这段时间在晴天早晨应及时揭除草帘、遮阳网，以提高小棚内的温度；小棚内气温超过所需温度时，应揭开小棚膜通风，但要迟揭早盖，夜间盖严草帘，以提高棚内温度。当大棚室内气温超过30℃时，可于中午前后大棚两侧揭开部分大棚膜稍加通风降温。但是该期间也要注意切勿通大风，否则会造成茄子"闪苗"，造成植株损伤或萎蔫干枯。苗床一般不会出现缺肥现象，如果出现，可适当追施一些叶面肥如0.3%～0.5%磷酸二氢钾或尿素等水溶液。

　　为了培育壮苗，提高其抗逆能力，使幼苗能较好地适应定植后的环境条件。一般需要进行幼苗低温锻炼。在定植前一周左右，可将苗床温度保持在15～20℃，夜间降至5～10℃。在幼苗不受冻害的情况下，要尽量降低夜温，增加昼夜温差，加大通风量，并控制土壤水分，以提高幼苗对外界环境的适应性和定植后的成活率。

第二节　穴盘育苗

　　穴盘育苗是以不同规格的专用穴盘作容器，用草炭、蛭石、珍珠岩等轻质无土材料作基质，通过精量播种（一穴一粒）、覆土、浇水，一次成苗的现代化育苗技术，目前在茄子育苗中应用非常广泛。

一、穴盘育苗的主要优点

(一) 有利于苗期管理

　　穴盘上穴与穴之间连接紧密，达到了一个密度最大而又各自独立的生长空间，防止了小苗间的营养争夺，根系也得到了充分的发育。这种方式的育苗密度几乎是传统方式的几倍。密度的增加，有利于对环境的控制，对于某些阶段性的特殊要求，可以有针对性、有重点地给予管理，这与传统的苗床育苗相比，有很大的优势。

（二）穴盘苗移植简捷、方便

起苗时只需将小苗从穴盘上拔出定植即可，不损伤根系，定植后几乎没有缓苗期，小苗能很快适应新的环境，即使对于没有任何经验的农户，移栽穴盘也能取得成功。

（三）提高茄苗品质、成苗整齐

穴盘上的每个苗穴大小、深浅一致，每穴中基质的填装量也相同，小苗成活率相当高，大小也很整齐，这有利于控制苗期，有利于培育茄子壮苗。

（四）能显著减少病害的发生

由于穴盘的穴孔与穴孔之间完全隔离，小苗株与株之间不会传染病害。小苗生长发育良好，对定植后植株抗病及抗逆性都有很大的影响，也比较容易进行无毒化处理，保证提供优质种苗。

（五）显著降低成本

育苗密度的增加，提高了设施的利用率，大大节省了人力物力，提高了劳动效率，使用过的穴盘，经消毒后仍可多次重复利用，这在很大程度上降低了育苗的运行成本。除此之外，穴盘苗还便于存放，如果措施得当，存放时间可延长。再加上轻型无土基质的采用，使茄子商品苗的远程运输成为可能。对于生产者来说，生产计划既显得灵活，又可扩大供应范围，必要时穴盘苗还可以冷藏起来备用。

二、穴盘规格及选择

穴盘越小，穴盘苗对土壤中的湿度、养分、氧气、pH 值、EC 值的变化就越敏感。而穴孔越深，基质中的空气就越多，就有利于透气及淋洗盐分，有利于根系的生长。基质至少要有 5 毫米的深度才会有重力作用，使基质中的水分渗下，空气进入穴孔越深，含氧量就越多。穴孔形状以四方倒梯形为宜，这样有利于引导根系向下伸展，而不是像圆形或侧面垂直的穴孔中那样根系在内壁缠绕。较深的穴孔为基质排水和透气提供了更有利的条件。目前生产上最常用的有 288 孔、128 孔、72 孔、50 孔和 40 孔规格穴盘，由于茄子苗期较长，幼苗较大，所以在生产中多采用 72 孔、50 孔穴盘，也可以采用 288 孔穴盘，待幼苗长至两叶一心时再移栽到育苗床或营养钵中。

三、基质的选择与配制

（一）基质的选择

合适的育苗基质是培育高质量茄苗的关键因素。育苗基质的功能应与土壤相似，这样植株才能更好的适应环境、快速生长。在选配育苗基质时，应遵从以下几个标准：①从生态环境角度考虑。要求育苗基质基本上不含活的病菌、虫卵，不含或尽量少含有害物质，以防其随苗进入生长田后污染环境与食物链。为了符合这个标准，育苗基质应经发酵剂快速发酵，达到杀菌杀毒、去除虫卵的目的。②育苗基质应有与土壤相似的功能。从营养条件和生长环境方面来讲，基质比土壤更有利于植株生长，但仍然需要有土壤的其他功能，如利于根系缠绕（以便起坨）和较好的保水性等。③育苗基质以配制有机、无机复合基质为好。在配制育苗基质时，应注意把有机基质和无机基质科学合理组配，更好地调节育苗基质的通气、水分和营养状况。

（二）基质的配制

用草炭、蛭石 2：1 或 3：1 混合（体积比），草炭、蛭石、废菇料 1：1：1 混合，也可采用珍珠岩代替蛭石。配制基质时加入 15：15：15 氮磷钾三元复合肥 3.2～3.5 千克，也可每立方米基质加入 1.5 千克尿素和 1.5 千克磷酸二氢钾，或 2.5 千克磷酸二铵，肥料与基质混拌均匀。由于干燥的草炭吸水困难，所以在混匀过程中要边喷水边混匀，然后放置几个小时，一般以湿度 60％为宜，即用手握一把基质，没有水分挤出，松开手会成团，但轻轻触碰，基质就会散开。

（三）基质填装

将配制好的基质装入穴盘中，表面用木板刮平。各穴孔填充程度要均匀一致，否则基质量较少的穴孔干燥的速度比较快，从而使水分管理不均衡。然后，将填装好基质的 7～10 个穴盘叠放在一起，用双手使劲按压最上面的穴盘，这样下部穴盘就会被压出一个深约 0.5 厘米的穴，便于播种。

四、播　　种

（一）种子处理

为了提高种子的萌发速度和出芽率，可以将茄种进行活化处理，其方法是将种子浸泡在 500 毫克/千克赤霉素溶液中 24 小时，或通过温汤浸种催芽等方法，具体操作过程请参考前一章节，这里就不在赘述。

（二）播种

将经过消毒、浸种、催芽等处理的种子点播在穴盘中，每穴播种一粒种子，尽量保证将种子播在穴孔中间，并且播种的深度相对一致。播种后，覆盖潮湿的蛭石，再用木板刮平。再用雾化喷头或喷水细密的水壶进行浇水，在浇水过程中要尽量避免将蛭石冲起来，水应浇到能从穴盘底孔滴出为止，保证基质最大持水量在 200% 以上，在穴盘上覆盖地膜、报纸等，减少水分蒸发，尽可能地保持基质湿润。有 50% 的种子出苗后，应及时除去覆盖物。

五、苗期管理

播种后，将穴盘放入育苗床内。白天苗棚温度控制在 25～30℃，夜间保持在 20～25℃。一般早春育苗应通过地热线加温或临时加温措施来保证苗棚温度，因为温度过低将严重影响出苗速率，而且出苗后容易得猝倒病和沤根病等。由于基质中的草炭营养丰富，所以在育苗前期可以不用补充肥料，只浇清水即可。待幼苗出现生长缓慢、叶片黄化等现象时再补充肥料，可用复合肥浸泡液结合喷水进行追施叶面肥，但用肥量不宜过大，否则容易造成茄苗徒长。基质的保水能力远远低于土壤，因此浇水的次数要比营养钵育苗频繁，利用穴盘育苗在第一次浇透水后到出苗前都不需要浇水，或只少量喷水。苗期子叶展开到 2 叶 1 心时，基质内的最大持水量应 70%～75%，如果水分过多容易造成沤根或徒长。

六、病虫害防治

穴盘苗的时间较短，所以很少受到病虫害的威胁，但是由于生长过于密集，而且数量众多，如果对环境控制不力或管理不当，也会有病虫害的问题。病原菌及病虫害会经由种子、穴盘、栽培介质及周围环境而浸染茄苗，所以隔绝病虫害及其感染途径是最有效的防治方法。可在播种前用 50%多菌灵 1 000 倍液拌入基质中，以达预防病害作用。

第三节　嫁接育苗

茄子不喜连作，必须与非茄科作物进行 4～5 年轮作倒茬。连作很容易发生土传病害和生理病害，使土壤环境变劣，产量下降。茄子的黄萎病、青枯病、枯萎病和根结线虫病等都是土传性病害，发病后易传染，半枯病和凋萎病的发生也严重。传统的防治方法一般采用轮作倒茬、土壤消毒、药剂灌根等，但生产上由于一家一户种植的大棚内很难进行大面积轮作倒茬，用药剂防治的效果也不一定很好，且成本较高，运用嫁接茄苗可以避免大部分病害。

茄子嫁接育苗不仅能避免轮作带来的土传病害，增加茄子的抗病能力，而且由于砧木的根系发达，吸水吸肥能力强，有效提高了土壤肥水的利用率，并增强了茄子的抗逆性，植株生长旺盛，不易徒长和死棵，而且植株寿命长，延长了采收期，可进行多次栽培收获。茄子嫁接育苗栽培技术方法简单，操作容易，增产效果显著。

　　茄子嫁接育苗主要包括砧木选择、砧木和接穗苗培育、嫁接及嫁接后管理等环节。

一、砧木的选择

（一）优良砧木的要求

　　目前，茄子嫁接栽培技术主要应用于塑料大棚、日光温室等保护地防病栽培中，要求砧木不仅抗病能力好，还能保持茄子品种本身的商品价值，因此选择优良的砧木品种有以下几个原则。

　　1. 抗逆性强　　要求所用的砧木品种自身抗病抗逆能力强，对茄子一些常见土传病害，如黄萎病、青枯病、根腐病、根结线虫应达到高抗或高耐，而且遗传稳定，不会因为栽培环境的变化而导致抗性丧失。

　　2. 不改变茄子品种的商品性　　要求砧木对接穗果实无不良影响，不改变果实的颜色、果型以及风味等，不出现畸形果。

　　3. 与接穗的亲和力强　　砧木对接穗要有较强的亲和力，以使接穗不发生黄萎、脱落和死亡，确保接穗在不良环境中能正常生长。一般要求嫁接苗成活率不低于85%，并且定植后生长稳定，不出现大面积死苗现象。

　　4. 根据人员的嫁接育苗技术水平选择适宜的砧木品种　　如果操作者初次嫁接、技术水平不够成熟，应选择播种容易、出苗好、嫁接易成活的砧木品种，确保嫁接育苗栽培的成功率。

　　此外，砧木品种还应具有留种简单、发芽率高、成果率高、方便管理等特点。

（二）主要砧木品种

1. 托鲁巴姆　原产于美洲的波多黎各，属于野生茄类型。该砧木的主要优点是同时对茄子黄萎病、枯萎病、青枯病和根结线虫4种土传病害达到高抗或免疫程度。托鲁巴姆植株生长势极强，根系发达，吸水吸肥能力强。该砧木与茄子接穗的亲和性较强，嫁接后除具有极强的抗病能力，还具有耐高温和耐寒能力，接穗果实品质得到提高，有效增加茄子产量。但托鲁巴姆的种子具有极强的休眠性，发芽期较长，嫁接苗初期生长较缓慢，结果较晚，因此嫁接时需要比接穗提早25～30天播种。

2. 赤茄　从日本引进，又称红茄、平茄，是应用比较早的砧木品种。根系发达，抗茄子根腐病、青枯病和根结线虫，耐低温性较好。嫁接亲和力强，成活率高，果实品质优良，前期产量和总产量均较高。嫁接时比接穗提前7天左右播种。

3. CRP　抗茄子黄萎病、枯萎病能力较强，属于高抗类型。植株长势较强，根系发达，但是其茎叶上多有密刺，嫁接时不易操作。亲和能力强，适合与各种栽培品种嫁接，嫁接苗成活率高，品种优良，总产量高。该砧木也不易发芽，应比接穗提前20～25天播种。

4. 野生刺茄　高抗茄子黄萎病和枯萎病，植株生长旺盛，根系发达，耐涝耐旱。嫁接成活率高，果实品质好，总产量高。嫁接时比接穗提前20天左右播种。

5. 耐病VF　日本培育出的杂种一代。抗黄萎病和枯萎病。植株根系发达，生长旺盛。嫁接成活率高，嫁接苗长势好，果实品质好，前期产量和总产量均较高。种子易发芽，嫁接时只需比接穗提前3天播种。

（三）嫁接苗与接穗播期的确定

为了使接穗和砧木的嫁接适期协调一致，必须准确计算好播种适期。砧木和接穗的播期因所用砧木的品种不同而异，主要取决于砧木的品种和生长速度。对于生长速度较慢的野生茄砧木，如托鲁巴姆、CRP 等要比接穗提前 20～25 天育苗，并且在播种前要用赤霉素或变温处理才能正常发芽。对于生长较快的砧木如赤茄、耐病 VF 等，只比接穗提前播 3～7 天即可。

（四）嫁接时间的确定

嫁接适宜时间主要取决于砧木苗茎的粗度。一般来说，当砧木茎粗达 3～5 毫米，有 5～7 片真叶时，茎下部已木质化为最佳嫁接适期，过早嫁接，砧木茎细，不易操作，影响嫁接效果，过晚嫁接，砧木木质化严重，影响嫁接的成活率。嫁接部位一般选在砧木第二和第三片真叶之间，所以要特别注意这部位的粗度和长度，一般要求砧木苗的高度不小于 10 厘米。但实际操作过程中，常常由于砧木苗前期生长缓慢以及环境不良等原因，嫁接前苗高度和粗度达不到要求。在此情况下，应通过改善苗床环境，并用 20 毫克/升的赤霉素溶液喷洒幼苗，促使砧木苗茎伸长。

二、茄子嫁接方法与选择

（一）茄子嫁接的方法

茄子常用的嫁接方法有插接法、劈接法、靠接法和贴接法等。

1. 靠接法　将茄子苗与砧木苗茎靠在一起，两株苗通过苗茎上的切口相吻合而形成植株。靠接法属于带根嫁接，嫁接苗不宜失水萎蔫，对苗床环境变化的反应不甚敏感，容易成活，砧木的嫁接部位较粗，比较容易进行结合操作。

在砧木展开 5～6 片真叶、接穗有 2～3 片真叶时进行，选择两株粗细相近的幼苗，在砧木基部留 1～2 片真叶，将其上部茎切断，从切口茎中央向下切开 1 厘米左右的口，并削好接穗的楔子和砧木切口，使其吻合，用嫁接夹固定，栽入营养钵或苗床中，砧木和接穗的根系要尽量分开，方便成活后断根。靠接法应保证结合的深度为茎粗的一半。如果切口过浅，接触面小，不利于水分和养分流动，影响成活率；切口过深，容易在切口处折断。

2. 插接法　用竹签或金属签在砧木苗茎的顶端或上部插孔，把削好的茄子茎插于孔内而组成植株。插接法操作工序少，简单省事，嫁接功效比较高，嫁接部位不易发生劈裂或折断，茄子和砧木的结合面也比较大，有利于成活，是一种比较理想的嫁接方法。

嫁接前先将茄子砧木与接穗连根挖起，尽量多带一些土，避免茄子干燥失水。然后把砧木在第一片真叶以上部位水平剪断，在剪口部位用细竹签（竹签粗细应与接穗茎粗细相仿）插一个3毫米深、略有倾斜的小孔，接穗小苗用刀片切去根系（嫁接前需对刀片、竹签等嫁接工具进行消毒），再将小苗子叶下部削成2.5毫米长的楔形切口，把接穗插入砧木的小孔中。嫁接必须在遮阴棚进行，完成嫁接后的苗子要在特别准备的苗床中保温、保湿、遮阴培育才能很好地愈合伤口，提高成活率。

3. 劈接法　先将砧木去掉心叶和生长点，然后用刀片由苗茎的顶端把苗茎劈一切口，再将接穗切除上部后削成楔形，使接穗切口与砧木切口相适，把削好的茄苗接穗插入并固定。利用劈接法时应注意茄苗带叶的数量要适宜，一般来讲，茄苗稍大一些、留叶稍多一些，有利于嫁接后茄苗的生长和培育壮苗，但如果留叶过多，茄子苗穗失水将增多。由于砧木苗茎切面的供水能力是一定的，茄苗失水过多时，必然会因水分供不应求而导致苗穗失水萎蔫，影响嫁接苗的成活率，因此嫁接应按要求留叶。砧木苗茎留叶不要过多，适当留叶对提高砧木根系生长、增强根系吸水能力、保证嫁接苗成活期间苗穗有充足的水分供应、提高嫁接苗的成活率，十分有利，如果留叶过多，势必会出现砧木苗叶片生长偏旺、切面生长受抑制等不良现象。根据切面的茎粗来确定砧木苗茎的劈接口宽度，如果切面与砧木苗的茎粗差异较小，嫁接时要把砧木的整个苗茎劈开，使茄苗和砧木苗充分贴合；如果茄苗较砧木苗的茎粗相差较大，可把砧木的苗茎劈开一部分，将茄苗与砧木苗茎的一侧形成层对齐即可。

4. 贴接法　砧木与接穗达到 5～6 片真叶时，砧木与接穗苗的粗细应接近，开始斜面贴接。茄子砧木保留 2 片真叶，用刀片在第二片真叶上方的节间处斜削，去掉顶端，形成角度为 30°的斜面，斜面径长 1.5 厘米。再将接穗拔下，保留 2～3 片真叶，去掉下端，用刀片削成一个与砧木同样大小的斜面，然后将砧木和接穗的两个斜面贴合在一起，最后用专用夹子夹住固定好。

（二）茄子嫁接方法的选择

1. 根据茄子苗子大小选择　不同大小的茄子苗适宜不同的嫁接方法，如果茄苗过大，应选择劈接法或靠接法，不宜选用插接法，利用小苗嫁接可选用插接法。

2. 根据育苗目的选择　如果以防病为目的，应选择劈接法、插接法，如果不以防病为主要目的，则可根据具体情况采用其他相应的方法。

3. 根据育苗季节选择嫁接方法　夏季育苗，苗床温度较高，嫁接苗一般成活率偏低，应选用成活率相对较高的靠接法；低温期育苗，尽可能选择劈接法和插接法，以提高嫁接苗的壮苗率。

4. 根据育苗条件选择嫁接方法　育苗条件好的地方，优先选择有利于培育壮苗的插接法，育苗条件较差的地方，应选用劈接法和靠接法。

三、嫁接苗的苗期管理

茄子嫁接苗成活率高低除了与嫁接质量有关外，还与嫁接后的管理有密切关系，不论采用哪种嫁接法，嫁接后都要移入苗床里，盖小拱棚。根据茄子嫁接后对环境条件的要求，嫁接后管理可分为接口愈合期管理和接口愈合后管理。

（一）接口愈合期管理

1. 温度　嫁接苗接口愈合期白天控制在 28℃左右，夜间20℃。上午 10 时至下午 4 时避免阳光直射，采用遮阳网遮阴。

如果此阶段温度长时间偏低，砧木和接穗的结合较慢，嫁接苗的成活率低；如果温度过高，茄子苗失水加快，容易发生萎蔫。24小时以后即可生成愈伤组织，3天后逐渐降低温度。早晚要逐渐增加光照时间，温度高时可采用遮光和换气相结合的办法加以调节，7天左右便可成活。

2. 湿度　嫁接后，在嫁接愈合期的头3天，空气相对湿度要达到95%左右，3天后空气相对湿度保持70%～80%，6天后空气相对湿度达到60%～65%。可在嫁接苗下浇水，用塑料膜密闭，人为创造一个有利保湿的环境。愈合期头6～7天不通风，以后选温湿度较高天气的清晨或傍晚通风，每天通风1～2次。

（二）接口愈合后的管理

嫁接后8～12天，将嫁接苗移到温室大棚内培育，温度控制在20～30℃，相对湿度80%～90%，可通过水帘、风机、遮阳网（双层）等手段控制大棚内温度、湿度和光照。总的原则是：嫁接苗刚移出育苗室时，大棚内温度、湿度和光照条件与育苗室内移苗前接近，以后湿度逐渐降低，光照逐渐增强，温度逐渐升高。

（三）苗期管理

1. 及时去除砧木的侧芽　砧木在失去主茎顶端优势的抑制作用后，容易萌发侧芽，造成苗床拥挤，而且自身发生的侧芽也容易造成养分的消耗，使砧木与接穗竞争营养，造成接穗营养供应不足。因此，在缓苗过程中要及时去除砧木的侧芽，以保证接穗的生长。

2. 去除接穗的不定根　接穗上长出的不定根，扎入土壤中，病菌就会从不定根中进入嫁接苗，引起发病，从而失去嫁接的意义。因此，要及时去除接穗的不定根，防止其根系扎入土壤。

3. 去除嫁接夹　嫁接苗上的嫁接夹不要过早去掉，在不影响苗茎正常生长的情况下，嫁接夹的保留时间越长越好。一般在定植成活后去除。

4. 及时移苗，补充养分 嫁接成活后要对嫁接苗进行分级管理，选晴天剔除砧木以及接穗上的黄叶、病叶，将未成活的嫁接苗及时清除出苗床，并按小苗和壮苗分开摆放，摆放时每钵之间的距离保持在 3 厘米左右，以便扩大嫁接苗的光照面积，保证苗期的光照。分级管理后用 0.1％磷酸二氢钾浇灌 1～2 次嫁接苗，补充养分，促进嫁接苗花芽分化。

四、茄子扦插育苗技术

扦插育苗是利用植株的一定部位容易产生不定根的特点，取这些部位，用植物生长调节剂，在适宜的环境条件下培养，促使其发根抽芽，形成新的幼苗。扦插育苗可增加植株的繁殖系数，加速育种的过程，并能保持品种的纯度；扦插育苗较播种育苗节省种子，育苗时间短，管理方便，成本低并可进行立体育苗，节省空间，在生产上具有较大的推广价值。目前扦插育苗技术主要在花卉、果树栽培中应用较广，在蔬菜作物上也有一定的应用价值。扦插育苗非常适宜价格较贵的进口茄子品种。

扦插育苗必须选择茄子上适宜的扦插部位和扦插方法，再配合合适的生长调节剂处理、扦插后合理的田间管理，以保证扦插成功。扦插育苗应掌握以下几个技术环节。

（一）扦插材料的选择

扦插材料必须是茄子上易于产生不定根的部位，如侧枝上的生长部位，部位不同时，茎组织的老嫩程度和营养物质的含量不同，一般枝条顶端水插后发根多，移栽后生长快，开花结果多。因此，水插育苗的插条，可在生长势好、抗病力强的植株上选择无病、粗壮、叶色深绿、节间短、长 15～20 厘米、具有 4～5 节、生长点完好、带花蕾但未开花的侧枝作扦插枝，每株茄子可取 7～8 个插枝。插条切口要平滑，并在室内自然干燥愈合后再进行扦插，以减少水扦插中的腐烂，并增加发根数和根长度。

（二）植物生长调节剂处理

应用植物生长调节剂，如吲哚乙酸、吲哚丙酸、吲哚丁酸、萘乙酸均能促进扦插材料生根，提高成活率，不同的扦插材料对不同生长调节剂敏感程度不同，目前茄子上主要运用 2 000 毫克/千克的萘乙酸快速浸蘸侧枝基部，效果最好。

（三）扦插方法

可选用营养土扦插或水插的方法来育苗。春季和晚秋采用营养土扦插，以 4～5 月扦插的成活率最高；7～8 月高温高湿季节，苗棚如果没有很好的降温设施，即使覆盖遮阳网，采用营养土扦插也很容易引起插条腐烂，导致育苗失败，因此宜采用室内水插法。

1. 营养土扦插　将 2 份无病虫害、没有种过茄科作物的肥沃园土加 1 份腐熟有机肥混合过筛，喷 200 毫克/升高锰酸钾溶液消毒，每立方米营养土中加过磷酸钙 1 千克、草木灰 5～10 千克拌匀，装入营养钵中，摆放于苗床上。为促进发根，可将枝条下端 3～4 厘米的部分浸入 50 毫克/升萘乙酸溶液或 100 毫克/升吲哚乙酸溶液中 10 分钟，或者用 0.3％磷酸二氢钾和 0.2％尿素混合液浸泡 2～3 小时，之后用清水冲洗。营养钵浇透水后扦插，深度为 3～5 厘米，扦插后立即搭小拱棚，覆盖遮阳网，以保温、保湿和遮光。

2. 室内水插发　将 1 克吲哚乙酸粉剂加入少量酒精溶解，然后加入 5 千克清水制成生根原液。量取 10 毫升原液倒入 10 千克清水中，即为生根液。取硝酸钾 10.2 克、硝酸钙 4.9 克、磷酸二氢钾 2.3 克、硫酸镁 4.9 克，分别加少量水溶解，然后依次倒入盛有 10 千克清水的容器内搅匀，即成水插育苗营养液。将容积为 500 毫升的广口瓶消毒，倒入生根液后插入插条，每瓶插 10～12 条。待插条发根后再用营养液培养。

（四）扦插后管理

1. 营养土扦插　扦插后 5～7 天是伤口愈合期，这个阶段要避免阳光直射，遮光率以 70%～80%为宜，禁止通风，棚温白天保持在 25～30℃、夜间保持在 17～18℃，地温保持在 18～23℃，空气相对湿度保持在 90%以上。扦插苗开始萌发不定根后，可早晚揭开覆盖物，适当增加光照时间和强度，适量通风，棚温白天保持在 25～28℃、夜间 15～17℃，地温保持在 18～23℃，每隔 5～7 天喷一次 0.1%～0.2%磷酸二氢钾溶液。扦插后 15 天，枝条下端萌发出 5～7 条 5 厘米以上新根和许多不定根时进入成苗期，此时可按照正常苗的管理方法进行管理。

2. 水插 插入插条后，室温白天保持在 22～28℃、夜间 15～20℃。隔日换一次水，气温过高或枝条过多时每天换水。插条长成根系发达的幼苗时，移入育苗棚炼苗。

第四章

茄子日光温室栽培技术

由于茄子对光照和温度等条件要求较高，露地栽培只能在无霜期内进行，近几年，随着日光温室的产生及其配套技术的日趋完善，茄子也实现了周年供应，有效地推动了茄子产业的发展。设施栽培特别是日光温室栽培茄子，效益高，技术易掌握，目前得到了大面积的推广与应用。

第一节　日光温室的类型与特点

一、日光温室的结构类型

日光温室栽培茄子的关键在于温室类型的选择，尤其是栽培越冬茬茄子的温室，必须具有良好的保温性和光照条件，才能满足茄子生长发育的需要。一般中脊高 2.8~3.0 米，后墙高 1.8~2.2 米，跨度 6~7 米，高跨比为 1：2.5 左右。后屋面仰角比冬至正午时当地的太阳高度角大 7°~8°，后屋面投影 0.8~1.5 米。墙体厚度依当地气候和建材而定，一般为 60~80 厘米，采光面角度为 21°~22°。通常每栋温室面积以 350 平方米左右为宜，过大不宜管理。

目前，生产上最常用的温室类型有：

1. 一立一坡式日光温室： 一立一坡式温室是由原来的一面坡温室改良而来，是为了方便蔬菜生长，将温室的前部改为 60 厘米高的立窗。其跨度 6~7 米，脊高 2.8~3.3 米，后墙高 2~2.4 米。拱杆间距 0.6~0.8 米，前屋面角度为 23°~25°。这种温室结构简单，建造容易，采光良好，且升温快。

2. 拱圆形日光温室：前坡面为拱圆形，用钢结构时则内部无支柱，纵向和横向均采用钢筋或钢管；竹木结构则有 2～3 道支柱，横向用竹竿、木棒、水泥杆等支撑，纵向用竹竿、木棒或水泥预制件做成拱形支架，上面覆盖薄膜，膜上用压膜线等进行固定，这种固定方式不会损坏薄膜，降雨时还有利于排水，但如果覆盖的薄膜没有拉紧，坡面会形成明显的波浪形，夜间覆盖草帘时不易贴实，对保温性有一定的影响，而且如果遇强降雨会使雨水聚积在棚膜上，压坏棚膜。

3. 钢筋拱架结构日光温室：这种温室跨度较大，屋脊较高，拱架由钢筋做成。其上弦采用 16 毫米的钢筋，下弦为直径 14 毫米，拉花为 12 毫米。每个拱架间的距离为 0.6～0.8 米，拱架间最好用钢筋连接固定。这种温室结构较坚固，光照较好，保温性能好，作业方便，使用寿命长，但一次性投入较高。

4. 装配性镀锌管结构温室：该温室的上弦与下弦都用镀锌管弯制而成，拱杆间用镀锌管连接，并用钢丝卡簧固定而成。这种温室棚体坚固，抗风雪能力强，搬迁组装方便，操作方便，便于通风透光，应用年限长，但造价较高。

5. 连栋温室：连栋温室是指多栋温室连在一起，环境可自动调控并能全天候进行园艺作物生产的连接屋面温室。连栋温室按屋面特点主要分为屋脊型连接屋面温室和拱圆形连接屋面温室两类。屋脊型连接温室主要以玻璃作为透明覆盖材料，而拱圆形连接屋面温室主要以塑料薄膜为透明覆盖材料。连栋温室主要分布在欧洲以及韩国等发达国家，目前在我国也有一定的应用，主要用于蔬菜作物的育苗以及栽培，但因造价太高，推广覆盖面积较小。

二、日光温室的构建

（一）场地的选择和规划

建造日光温室最好在背风向阳、地势平坦、土壤肥沃、排灌方便、东西南三面没有高大树木或建筑物、距公路近、有运输通道，对水、电管理方便的地方。避免在河谷、山川等形成的风道和雷区等天灾地段建造，防止被大风破坏。目前我国大多数地区的日光温室沿着东西方向延长，坐北朝南。北方地区的温室朝向偏西 $5°\sim 10°$ 为宜。这样有利于温室接受更多的光能，积蓄更多的热量，从而提高温室夜间温度，尤其是能提高日出前温室内最低气温。南方地区温室方位偏东 $5°\sim 10°$ 为宜，这是因为该地区冬季气候较温暖，早晨温度不是很低，可以早揭覆盖以增强午前的光照，使室温迅速提高，以促进作物生长发育。

（二）日光温室构建所用的材料

1. 墙体用料　墙体是日光温室的重要结构，按照墙体材料分为土墙、砖墙和复合墙体三大类。目前生产上建造的日光温室墙体材料以土墙居多。土墙可以就地取材，一次性投资少，对于大多数经济收入较低的农户较为适用。土墙最好以黏土或亚黏土为主要原料，有些还可以掺入麦草、稻草构成泥筑墙。砖墙坚固但造价高，常用的砖有普通黏土砖、空心黏土砖、灰沙砖、矿渣砖以及泡沫混凝土砖等。复合墙体是由不同墙体材料组成，并复合多种保温材料，既具有支持作用，又有保温防寒功能，是目前生产中较常使用的一种。

2. 骨架　骨架是日光温室的框架，也是日光温室的主要支柱。材料上可选用坚固的圆木、桉木骨架，钢筋混凝土制作与竹拱架混合骨架，钢筋式钢管骨架，镀锌管骨架等几种。

3. 覆盖材料　前屋采光面的透明覆盖材料采用塑料薄膜。前屋采光面既是温室接受阳光提高温度的部位，也是温室散热量最大的部位，在整个温室散热面中所占的比例最大，保温效果也最差。因此，要求温室棚膜既要透光率高，又要保温性好，还应具有无水滴、耐老化等特点。目前市场上应用较多的有聚氯乙烯膜（PVC）、聚乙烯膜（PE）、聚乙烯无滴膜、聚氯乙烯无滴膜、乙烯-醋酸乙烯（EVA）多功能共聚膜等，日光温室的透明覆盖材料最好选用无滴膜以及多功能膜。

4. 隔热保温材料　主要包括前屋面的保温幕、室内的小拱棚，以及草帘、纸杯等。后屋面的隔热材料一般采用玉米秸、高粱秸和稻草等，里层加铺薄膜，外层抹上草泥。有些温室的后屋面采用钢筋水泥预制件材料。

（三）日光温室构建要点

1. 墙体施工　施工前测算好方位，从北侧留出墙基，东西钉桩拉线，作为后墙外线，南北钉桩拉线，与后墙线成直角。土墙是将土拍实成墙或用草泥踩墙。筑墙前先挖沟，用石头打30～40厘米深的墙基，并整平踏实，上面用草泥踩墙或板打墙。墙土水分要适宜，保证墙的质量及稳固性，后墙与山墙要连在一起筑成，避免缝隙通风，也要全面踏实，防止墙皮脱落。

构建砖墙时，应做成空心墙，中间添加炉渣、珍珠岩、麦秸等保温材料。砌砖要严密，不能透气，要钩砖缝。墙顶水泥板要封严，以防漏水漏风。

2. 拱架　钢拱架有多种样式，最简单的样式是双弦拱架，下弦为钢筋，上弦为钢筋或钢管，两弦之间采用工字形支撑形式，这种结构比采用人字形支撑形式成本低。另一种也是双弦拱架，但两弦之间采用人字形支撑形式，上面两道钢筋，下面一道，上下弦之间采用人字形支撑形式，这种拱架十分坚固，而且不易损坏薄膜。为了保障温室拱架的坚固性，又照顾到温室前屋面的形状，以免影响采光，对钢筋钢架在温室前后屋面交接处还应进行一些处理。

由于土墙的抗压强度低，不能直接支撑拱架，可以先在温室后墙砌6层砖，拱架的后端固定在砖墙之中，也可以紧贴后墙埋设一排立柱，立柱之上东西方向放圆木条，以此支撑拱架。

3. 后屋面施工　固定好钢拱架后，开始建造后屋面。在拱架上铺整捆的直径为20厘米的高粱秸或玉米秸，屋面较长时可使顶端重叠使之平整。捆与捆之间要压紧，硬秸秆摆好后再放置麦秸、稻草等比较细软的材料，然后用湿土耙平踩死。最后用草泥抹顶，第一遍泥厚度约为20厘米左右，然后进行第二遍铺盖，厚度不变。为防止吸潮漏雨，可在铺秸秆前先铺一层旧薄膜，草泥抹顶后也用旧薄膜盖好，然后覆土压实，这样大大提高了温室的保温能力，也可防止后屋面浸水后垮塌。

4. 扣棚膜 为了放风方便，多采用趴缝式放风的方法，因此通常温室用三块或两块薄膜拼接覆盖，目前常用的为三块膜覆盖。即先盖下部膜，再用中间膜压住下部膜，最后扣上部膜，每两块膜重叠25～30厘米，下部膜可埋于土中，上部膜搭在后坡前沿，用泥压实，有条件的温室也可以利用卡扣进行固定。再于每两个拱杆间压一条压膜线，每条压膜线要拉紧绷直，才能起到防风护膜的作用。

5. 室外防寒保温措施 为保持室内温度，减少土壤散热，在室外南侧挖防寒沟，宽约30～40厘米，深度不小于冻土深度，长度略长于日光温室。沟中填入杂草、锯末、马粪、稻壳等保温材料，上盖一层旧膜，踏实后用土封严，土厚15厘米以上，以保证防寒效果。随着外界气温的降低，还应在后墙外培土，前屋面增设草帘、棉被等防寒覆盖物。

6. 缓冲间修建 缓冲间应修建在温室的出口处，$8～10$ 米^{2}为宜，高度不应高过后墙。门大小以人能够正常通过为宜，一般缓冲间门口朝南。门的外部应挂上门帘等，防止开门后冷风进入温室，对秧苗造成伤害。

三、日光温室的环境特点

（一）温度

日光温室的气温一年四季均比露地高，但其热量来源是阳光，因此其温度随着室外温度的季节性变化而变化，从秋季以后，气温逐渐下降，1月下旬下降到最低，进入2月以后，温度开始回升。日光温室的日变化决定于日照时间、光照度及解开覆盖物的早晚等，一般应在日出后揭开不透明覆盖物，使温室温度上升，下午气温下降迅速，应适时覆盖不透明覆盖物，进行保温，一般应在日落前进行，使温室内保持一定的温度。日光温室内白天棚膜附近温度最高，向下到地表逐渐降低，土温低于近地表气温，夜间棚膜附近温度最低，向下到地表逐渐提高，土温稍高于近地表气温。温室最高气温出现在晴天中午 $1\sim2$ 时，最低气温出现在早晨揭草苫前或揭开草苫后短时间内，全年最低气温出现在严冬连续阴天的末尾。

（二）光照

光照是蔬菜生长发育的主要因子之一。日光温室中，光照度主要取决于温室的采光能力，通常，室内光要弱于自然光，这主要是覆盖材料的反光、吸光以及表面污染等因素造成。而且，温室内的光照分布也不均匀，不同部位局部的光差也很大，在同一水平方向上，由前向后，光照度逐渐减少，以温室的后墙内侧光强最低。温室垂直方向上的光照，以温室的上层最高，中层其次，下层最差。距离薄膜的距离越远，光照度越弱。

（三）湿度

温室气密性较强，湿气不易散出，因此设施内的绝对湿度和相对湿度都大于露地，一般白天在 80% 以上，夜间在 90% 以上。特别是冬季温度低、通风量小，空气湿度更高，即使在晴天夜晚和早晨相对湿度都能达到 90% 以上，导致温室中的病虫害相对较多。温室中空气湿度受温度影响较大。白天气温高、饱和水气压提高，湿度下降；夜间气温低、饱和水气压下降，湿度提高。一般其空气湿度最低出现在中午 $1\sim2$ 时，最高出现在揭草帘之后。

（四）土壤条件

日光温室是在完全覆盖的条件下进行生产的，大量使用肥料，只靠人工灌溉，没有雨水淋洗，很容易积累盐分。而且温室内的温度高，水分蒸发剧烈，土壤水分会带着盐分上升到地面，使盐分积累到土壤表层，导致土壤中的盐分常常处于聚积状态，增加温室土壤的渗透压，使蔬菜吸水困难，引起缺水，严重时会引起反渗，导致植株萎蔫。因此，在夏季温室闲置季节，应除去前屋面的薄膜，让雨水冲淋地面。第三，定植前要深翻土壤，多施有机肥，减少化肥的使用量。

（五）气候环境

日光温室内由于处于半封闭或完全封闭的状况下，温室内作物不断从有限的空间内吸收二氧化碳，同时外界大气中的二氧化碳又不能够及时补充，造成温室内二氧化碳浓度降低，不能充分满足作物生长需求。一般温室内夜间二氧化碳浓度比外界高，在早晨揭苫前空气二氧化碳浓度可达 1 000～1 500 微升/升，揭苫后由于作物开始旺盛地进行光合作用，吸收大量的二氧化碳，造成白天设施内二氧化碳浓度比外界低，而且温室内二氧化碳浓度分布不均匀，导致作物植株各部分的产量和质量也不一致。在不放风的情况下，室内二氧化碳浓度甚至会低于正常值，不能满足茄子光合作用的需要，对产量和品质产生明显的影响。

第二节　品种选择

品种是日光温室栽培茄子的关键环节，选择品种是否适合，直接关系到产量和效益。特别是冬春茬茄子栽培的育苗期及生长期多在寒冷季节，温度低、光照少，所以日光温室茄子品种需具有良好的耐低温、耐弱光、耐高湿性以及抗病性强等特点，即使在低温、弱光照条件下果实仍能正常发育；由于生长期较长，还要求所选用的茄子品种长势较强，即使到了生长后期，也能够保持较好的结果能力，并且畸形果少，果型符合销售地人们的使用习惯。适合日光温室栽培的茄子品种如下。

京茄 3 号

早熟、丰产、抗病的圆茄一代杂种。始花节位 7～8 片真叶，植株生长势较强，叶色深紫绿，株型半开张，连续结果性好，平均单株结果数 8～10 个，单果重 400～500 克。果实扁圆形，果皮紫黑发亮，果肉浅绿白色，肉质致密细嫩，品质佳。易坐果，较耐低温弱光，低温下果实发育速度较快，畸形果少。

北京六叶茄

北京市地方品种。植株生长中等，门茄着生于第 6 节。果实扁圆形，纵径 9 厘米，横径 10～12 厘米，单果重 400～500 克。果皮黑紫色，有光泽。果肉浅绿白色，肉质致密、细嫩，品质好。早熟性强，较抗绵疫病、褐纹病，但易受红蜘蛛、茶黄螨危害。

天津二苠茄

天津市地方品种。门茄着生于主茎第 7～8 片叶上方。果实扁圆球形，纵径 9～13 厘米，横径 12～15 厘米；外皮黑紫色，端部略浅，有光泽，果肉致密、细嫩，果实种子较少，不易老，品质优良，单果重 400～500 克。中早熟、耐热、抗病、喜水肥，较耐贮运。

天津快圆茄

天津市从优良农家品种中经提纯、选育出的早熟品种。株高 50～60 厘米，开展度较小，茎绿紫色，叶绿色，叶柄及叶脉浅绿色。始花节位在第 6～7 节。果实圆球形、稍扁，果实直径 10 厘米左右，有光泽，单果重 500 克左右。耐寒、品质外观佳。

辽茄 5 号

辽宁省农业科学院园艺研究所选育的一代杂种。植株生长势强，株高 70 厘米，叶片、叶柄、叶脉均为绿色。果实长椭圆形，纵径 18 厘米，横径 6.5 厘米，单果重 300 克左右。果皮油绿色、有光泽，果肉乳白色、肉质嫩。抗黄萎病、绵疫病。

牟尼卡

无限生长型早熟一代杂种。植株生长旺盛，节间较短，叶色深绿。果实光滑，果皮着色深紫近黑色，有光泽。果柄、萼片均为绿色，果肉奶白色。坐果率高，抗病性和耐低温能力强，丰产性好。

布利塔

荷兰瑞克斯旺公司育成的一代杂种。植株无限生长型，生长速度快，株型直立，开展度大，连续结实能力强。果实长形，果长 25～35 厘米，直径 6～8 厘米，单果重 300～400 克。果实紫黑色，光滑油亮，果柄和萼片鲜绿色，果肉细嫩致密。耐低温、弱光，抗病性强。

济杂长茄 1 号

山东济南市农业科学研究所育成的一代杂种。植株生长势强，始花节位为第 6 至第 7 节。果实长灯泡形，长 15 厘米左右，直径 6～7 厘米，单果重 250～350 克。果皮黑紫有光泽，果肉嫩软，种子少，品质优良，商品性好，耐低温弱光，抗病性强。

济南早小长茄

山东济南市农业科学研究所育成的一代杂交种。株高约 70 厘米，开展度 80 厘米，长势中等。始花节位在第 6 节。果实长灯泡形。长约 15 厘米，粗 6～7 厘米，重 250～350 克，果皮紫黑色。品质好，早熟、耐寒，耐弱光，耐绵腐病。

第三节　日光温室冬春茬茄子栽培技术

一、播种育苗

（一）育苗床和营养土准备

日光温室栽培茄子的育苗床最好放在温室内，且在温室中部较好。苗床大小视栽培面积决定，一般每亩地用播种床大概 3～5 米^2，分苗床 30～50 米^2。营养土的制备参考第三章进行，并对营养土和苗床进行彻底消毒杀菌。

（二）播种期的确定

播种期应根据品种熟性和定植期确定，日光温室冬春茬一般在大雪至冬至定植，可在 9 月中下旬采用日光温室搭设小拱棚育苗。一般早熟品种为 75~80 天苗龄，中熟品种为 85 天，晚熟品种为 100 天。

（三）播种

每亩用种大约 30~40 克。播种前先将苗床浇透水，等水渗后将催芽处理过的种子连同细砂均匀撒在床面上，然后覆盖 1 厘米厚的营养土。为防止茄子发生猝倒病，播种覆土后用 50％多菌灵或 50％托布津每平方米 8~10 克，拌营养土撒一层，厚度不超过 0.5 厘米。

二、培育壮苗

（一）温湿度管理

播种后到出苗前白天控制在 28~30℃，夜间 12~18℃，一般 1 周左右即可齐苗。齐苗后，白天降到 20~23℃、夜间 10~12℃，出苗至 2 片真叶期要防止徒长，及时通风，白天气温 22℃时开始通风，室内温度保持 25~28℃，夜间 12~15℃。齐苗前一般不需要浇水，但棚内空气相对湿度应保持在 70％~85％，齐苗后 50％~60％，如苗缺水时，在晴天上午喷水补充水分。

（二）适时分苗

当有 2~3 片真叶时应及时分苗，选用营养钵育苗，每个营养钵 1 株苗，可减少定植时伤根，避免在连续低温下茄子苗根系发育不良。分苗应选在晴天上午进行，边栽植边浇水。分苗后要保持地温在 18~20℃，气温要求在 25℃以上，以促进缓苗。缓苗后应适当降温 2~3℃，如果棚内温度过高，可以适当通风，增强幼苗的抗逆性。幼苗前期浇水要勤，低温季节要适当控制浇水，做到钵内营养土不发白不浇水，一般浇水应选择在晴天上午进行。定植前一周左右，将夜温降至 10~15℃，控制水分并加大通风量炼苗，有利于移栽后缓苗。

三、定　　植

（一）整地施肥

日光温室冬春茬茄子栽培，要在定植前 20 天对前茬作物拉秧倒茬，并及时清理田间杂物，结合深耕翻地，深施基肥，并喷药进行高温闷棚消毒。一般每亩施经充分腐熟的堆肥 5 000 千克、过磷酸钙 40 千克、尿素 15 千克、饼肥 50 千克。将基肥均匀撒于地面，结合深耕翻地 20～25 厘米；一定要将基肥深翻入耕作层土壤中。深翻后，耙平土壤，然后开沟作畦，一般畦宽 1.2～1.5 米，畦高 15 厘米左右，畦面做成龟背形。

（二）定植期的确定

冬春茬日光温室早熟栽培的定植期主要根据苗龄大小和天气状况来确定。一般幼苗应具有 9～10 片真叶，株高 25～30 厘米，茎粗 0.3 厘米，并开始发生分枝，带花蕾为宜。设施内 10 厘米处土壤温度稳定在 12℃以上时定植。

（三）定植

冬春日光温室茄子定植时，温室外气温特别是晚间温度还很低，定植时间选择连晴天初的上午 9 时至下午 3 时前完成，最迟不能超过下午 4 时。不要在阴天及连晴天尾定植，以防止定植后地温长时间偏低，推迟茄子缓苗，并引起烂根。茄子定植浇水后，幼苗茎叶上有水珠，如果这时马上把塑料膜盖上，加上夜间温度低，相对湿度提高，还有一部分水蒸气凝固，茎叶上的水珠更多，容易使茄子发生病害。因此，晚上盖棚以前应通风，将茎叶上的水珠吹干、晾干。

四、田间管理

（一）温湿度管理

茄子定植后 10 天左右应保持较高的空气温度，力争做到白天气温保持在 25～30℃，夜温 15～20℃，低温在 18～20℃或

20℃以上，这样有利于新根发生和促进对养分的吸收。植株缓苗后应注意通风换气，白天可适当揭膜放风，白天最好保持在23～25℃，夜间不低于15℃。如遇到寒潮，要及时覆盖草帘，并在四周加盖草帘保温。但如遇连续阴天，仍要适当放风。一般设施内温度如果高于30℃应进行通风；夜间气温高于15℃以上时，可昼夜通风。

（二）肥水管理

选择晴天上午结合浇水按穴追施一次"提苗肥"，但注意氮肥不易过多。其后到坐果前一般都不需要再浇肥水，但对部分特别弱的小苗可适当追施一次平衡肥。进入结果期后应加大追肥次数和数量，保证植株继续生长和果实膨大的需要。一般在采收门茄后追肥一次，每次每亩追施尿素20千克、硫酸钾8千克，可采用穴施或条施，过后每7～10天结合浇水施一次肥。茄子缓苗后应适当控制水分，初花坐果期只需适量浇水，以增加上市量，协调营养生长与生殖生长的关系，提高前期坐果率。大量坐果后，必须充分供水，一般土壤相对湿度应保持在80%左右，如果有条件的地方，最好采用膜下滴灌装置补充水分和肥料。

（三）整枝摘叶

做好整枝摘叶工作，是保证茄子丰产的重要途径。一般将门茄以下的侧枝全部抹除，并及时将上部多余的侧芽及时打掉。进入结果中期，植株封行，下部老叶变黄而下垂，逐渐失去光合能力，并消耗上部新叶的能量，而且容易感病，影响通风透光条件，因此要及时摘除下部老叶。但对生长不旺盛的植株，要减少摘叶数量来调节植株生长势，促进结果。当八面风茄坐果后，可将茄果上部的枝留4片叶摘心，使营养集中供应果实，早日达到商品成熟。

（四）保花保果

茄子结果期要求适温，坐果最佳温度23～25℃。温度过低，生长缓慢，易落花；温度过高，花器发育不良也容易造成落花。

冬春茬茄子由于坐果期正值低温季节，土壤温度低，开花期光照不足，容易形成短花柱而影响坐果，可用生长调节剂增加坐果率。目前在生产上多用采1%防落素20～30毫克/升稀释液，在开花前一天至开花当天或开花后一天，用手持式喷雾器喷花，并可在药液中加入30毫克/升的赤霉素，促进果实生长。生长调节剂使用浓度与温度高低有关，当温度高时，应适当降低浓度，温度低时，应加大浓度。

五、采　收

茄子采收成熟度与其产品品质有密切关系。采收过早，茄子的大小和重量达不到标准，品质、色泽和风味也较差；采收过晚，果皮硬化、果肉坚硬，影响商品价值，产量下降，也不耐运输和贮藏。

茄子不同品种、生长情况以及栽培管理等因素不同也使茄子成熟度的判别标准有所不同。要综合考虑市场供应、贮藏加工需要、用工安排等因素确定合适的果实采收期。茄子以嫩果食用为主，在种子没有开始硬化前采收。一般早熟种定植后40～50天、中熟品种定植后50～60天、晚熟品种定植后60～70天即可采收商品果。

茄子采收标准要看宿存萼片，即通常所说茄盖边沿的带状环（"茄眼"），带状环宽，说明生长快，反之，说明果实生长渐慢，应及时采摘。一般在清晨或傍晚温度较低时采收，果皮色泽在一天中以清晨最好，午后最差。采收前几天最好不要大量浇水，也不要在雨天采收。采收时为了防止折断枝条，最好使用剪刀剪采。

采收前，要安排和计划好采收容器、采收时期和采收方法。茄子是以鲜食为目的的蔬菜产品，基本都以人工采收为主。采收时要避免机械损伤。一般可戴手套用剪刀采收后放入采收袋或采收篮中。

第四节　日光温室秋冬茬
茄子栽培技术

日光温室秋冬茬栽培茄子，一般在夏季育苗，入冬后采收。该茬茄子生长前期温度高、高湿、多雨等不利于茄苗生长，容易徒长，且易发病。定植前期温度偏高，失水较快，茄苗缓苗慢，死亡率高；结果期温度下降，光照时间缩短，光照减弱，不利于果实生长与着色，因此该茬茄子的栽培技术要求较高，生产风险大，但是由于该茬茄子的上市期正值元旦、春节等节假日，属于一个蔬菜供应淡期，而市场需求又大，因此价格高，效益比较好。

一、品种选择

日光温室秋冬茬茄子栽培要根据气候以及市场需求等特点进行品种选择，其具体要求是：选用中早熟品种，植株株幅偏小，适宜密植；植株长势强，坐果能力强，产量高；植株在高温、潮湿以及弱光条件下不易发生徒长；中后期要耐低温、弱光，抗逆性强；开花集中、畸形花少，果实着色佳，果型符合市场需求，并对病害有较好的抗性，耐储运。

二、播种育苗

（一）播种期确定

秋冬茬栽培茄子一般苗龄 35～40 天，应根据具体的定植时期选择播种期，一般在 7 月中下旬到 8 月上旬播种。

（二）播种

选择通风条件好、地势高的地方作苗床，有利于排水、防徒长，在苗床上插高度不小于 80 厘米的竹拱架，上面搭旧塑料布、遮阳网或竹帘，以防强光、避高温、遮雨，防露水。该茬茄子最好采用营养钵或 48 孔穴盘育苗，每钵（穴）播一粒种子。

（三）苗期管理

该茬茄子育苗期正值高温多雨季节，不利于茄子苗生长，因此应加强苗期管理，达到培育壮苗的目的。茄子出苗后，如果是撒播，应及时分苗或间苗，避免苗株拥挤。苗床要加强通风，浇水以不干不浇为原则，防止茄苗徒长，徒长苗可喷洒0.3%矮壮素溶液，减缓茄苗的生长速度，控制肥水用量，并用防虫网密封苗床，防治蚜虫、白粉虱等病毒媒介进入育苗床，定期施药预防病害，可在出苗后每周交替喷施一次多菌灵、甲霜灵、杀毒矾等农药。

茄子在出苗后40天左右即可定植，但定植茄子尚在高温、强光季节，不利于茄苗成活，应使用生长势强、苗体贮藏养分多、发根快、抗逆性强的大苗定植。茄子的壮苗要求：具健壮真叶6～8片，叶厚、茎粗、棵大，根系发达，株高20厘米左右，苗茎现花蕾。

三、定　　植

（一）整地施肥

应及时将上茬植株及落地病黄叶清理干净，并在定植前7天将温室完全密闭，用硫黄粉熏蒸消毒。密闭温室一昼夜，然后放大风，清除棚内烟雾。日光温室秋冬茬栽培茄子，结果期正处于冬季低温季节，追肥相对较为困难，而且根系老化快，吸收养分能力降低。所以在定植前应施足基肥，后期再适当追肥即可。基肥以优质有机肥为主，一般每亩施腐熟圈肥5 000～6 000千克、饼肥80千克、复合肥50千克、尿素50千克、过磷酸钙50千克，均匀撒施后深翻土壤，将肥料混入30厘米深的土层中，整平土地，开沟作畦。秋冬茄子宜采取深沟高畦栽培，畦宽0.9～1.0米，畦面铺设地膜，四周用土压牢。

（二）定植

选择晴天上午或傍晚定植，不宜在高温、强光的晴天中午进行，防止秧苗萎蔫、死亡。该茬茄子的定植密度不宜过大，一般株距 0.4~0.5 米，行距 0.6~0.7 米，每亩栽种 2500 株左右。定植时选用大小一致的健壮苗，尽量带土移栽，保持根系完整，小苗应单独分开栽植，方便后期单独管理。定植后用土将穴口压严，通过膜下暗灌浇足定植水。

四、田间管理

（一）温度管理

茄子定植后应密闭保温，促进缓苗，缓苗期适宜温度为白天保持在 25~30℃，夜晚 20℃左右，如果白天超过 35℃应及时通风换气，防止茄苗失水过快，发生萎蔫。活棵后可浇缓苗水，并逐步放风，白天保持 25~30℃，夜间 15~20℃，如果白天温度高于室温，应加大通风量或加盖遮阳网，如果达不到适温标准，只能在中午前后进行短时间放风，以免温室内温度过低，影响茄子生长。当茄子进入结果期后，外界温度逐步变冷，应提前做好防寒保温措施。雨雪天气应加盖草帘或保温被，维持室内温度。

（二）光照管理

温室内光照分布因季节不同和部位不同，具有较大差异，在同一水平方向上由南向北，光照度逐渐减少；棚内垂直方向上的光照，以上层最高，中层次之，下层最差，距离薄膜的距离越远，光照度越弱。特别是秋冬季日照时数缩短、光照度较弱，因覆盖物反射、吸收损失了部分光能，导致棚内光照更弱，不利于茄子生长发育，应创造条件尽量减少光源损失。要在保证温度的条件下早揭晚盖覆盖物，阴雪天也要适当揭开草帘，保证温室内进入一定量的散射光。延长光照时间，保持薄膜外表清洁，及时擦除薄膜内水滴，并选用无滴膜。该茬栽培还可采用反光地膜或张挂反光膜，这样能将更多的光反射到茄子上，可增加下部光照，提高产量。

（三）水肥管理

茄子定植水浇足后，一般在门茄坐果前可不必浇水，但也要根据天气情况灵活掌握，如遇连续晴天应增加浇水次数，但每次不宜大水浇灌。进入结果期后每15～20天浇一次水，在结果后期应适当减少浇水量，以防降低地温和增加空气湿度，影响果实品质。

一般在施足底肥的情况下，定植后到门茄果实膨大前都不需要追肥。但对个别株型偏小、生长缓慢的茄苗应局部增施平衡肥，促进小苗生长。在门茄开始膨大后进行追肥，每亩追三元复合肥30千克，随浇水浇入。进入茄子盛果期，追硝酸铵或硫酸铵每亩30千克，还应结合叶面喷肥的方法补肥，常用的叶面肥有尿素以及磷酸二氢钾，尿素浓度为0.2%～0.4%，磷酸二氢钾浓度为0.1%～0.3%。茄子追肥后要适当加大通风量，以防有害气体危害植株。

（四）植株调整

秋冬茬日光温室茄子结果期比较集中，结果期温度低，室内光照较差，为改善植株间通风透光条件，需要进行整枝摘叶，调节好植株营养生长和生殖生长的关系，使之达到平衡。一般采用双干或单干整枝法。在门茄开花前及时整枝打杈，保留主茎和1～2个侧枝，其余侧枝均抹去，并摘除老叶和病叶，及时摘心，保证营养集中流向果实，提高果实质量。为防止后期倒伏，要立干绑株、清沟培土、扶根，尽量延长茄子采收期。

（五）保花保果

日光温室秋冬茬茄子结果期正值寒冷冬季，为防止因夜间室温过低而造成落花落果，应选用2.5%防落素1 000倍液或保丰灵1 500～2 500倍液等生长调节剂处理花朵，一般在茄子始花期见花就涂或喷，盛花期因花数增多，可每周处理2～3次。为促进坐果与果实生长，促进茄子早熟和提高产量、改善品质，还可每隔10～15天喷一次0.1毫克/千克油菜素内醋（BR），以能确保茄子坐果。

五、病虫害防治

　　茄子幼苗期要注重防病，结果后期注重治虫。茄子的主要病害有灰霉病、褐纹病和绵疫病，可用速克灵、百菌清烟熏剂按0.3克/米² 用药，有较好的防治效果；也可与代森锰锌可湿性粉剂交替使用。红蜘蛛、白粉虱是茄子生长后期的主要害虫，可用克螨剂防治，效果较好。三氯杀螨醇对茄子一些品种有药害，要避免使用。要以防为主，早防早治，药剂要安全使用。

六、及时采收

　　为提高茄子的经济效益，应适期早采门茄和对茄，一般茄子开花 20～25 天后就可采收。茄子萼片与果实相连处的白色或淡绿色环状带已趋于不明显或正在消失，为采收适期。茄子盛果期每 2～3 天即可采收一次。果实采收应在早晨进行，这时期果实光泽度最好，应用剪刀剪断果柄，避免损伤植株。

第五章

茄子塑料大棚栽培技术

　　塑料大棚俗称冷棚，是蔬菜周年生产的重要保护设施之一，它改变了蔬菜生产场所的小气候，人为地创造了蔬菜生长发育的优越条件，可提早或延迟栽培，对生产超时令蔬菜，增加供应品种，提高蔬菜单产，增加农民收入，都发挥了巨大的作用。因此，塑料大棚在我国南、北方地区都得到迅速发展，在蔬菜周年供应中占据着重要的地位。

第一节　塑料大棚的类型与特点

一、塑料大棚的类型

　　根据塑料棚高度、跨度和占地面积大小，可分为小棚、中棚和大棚。人不能进入棚内操作而需在外管理的称为小棚，一般小棚高 0.5～0.9 米，宽 1.5 米左右，塑料小棚依其形状不同又分为拱圆形、半拱圆形和双斜面形 3 种，其中拱圆形小棚最为普遍。塑料中拱棚比小拱棚大，人可以勉强进入棚内操作，一般宽4～6 米，脊高 1.5 米左右，长 15～20 米。人能够在棚内自由操作的为大棚，一般塑料大棚宽度为 8～14 米，长度 50～80 米，脊高 2～2.5 米，边高 1 米以上。与中、小棚相比，大棚骨架比较坚固耐用，使用寿命较长，具备一定的抗风雪能力；棚堤较高大；保温效果好，对温湿度调控作用明显，对棚内作物能起更好的保护作用，因而早熟性、丰产性更为明显。

(一) 塑料小棚

　　小棚的棚体较小，结构简单，取材方便。以细竹竿、毛竹片、轻型钢材等弯成弓形做骨架，在畦的两侧每隔 $30\sim60$ 厘米插入土中，再用薄膜覆盖，用压膜线或竹竿压固薄膜，其上还可覆盖草帘防寒保温。小拱棚可用于茄子育苗、分苗，也可用作早熟栽培。

（二）塑料中棚

有竹木结构、钢筋或钢管结构、钢竹木混合结构等形式，有单排支柱或无支柱，形状与小拱棚相似，覆盖 3 幅薄膜，留 2 条放风口，薄膜绷紧后四周埋入土中踩实，也可覆盖草帘防寒保温。可用于茄子成株栽培，也可用于茄子育苗。

（三）塑料大棚

一般大棚的骨架比较坚固耐用，使用寿命较长，棚体较高大，人可以在棚内方便地进行操作，保温效果好，对温湿度调控作用明显，并可在棚内安装加温等附属设备，对棚内茄子能起更好的保护作用，因而茄子的早熟性、丰产性更为明显。其主要包括竹拱架塑料大棚、钢筋拱架结构大棚、钢竹混合结构大棚、组装式钢管结构大棚和连栋大棚等。

1. 竹拱架塑料大棚　这类大棚取材简单，是最早发展起来的一种结构类型，主要以竹或竹木为拱架，造价低廉，适合于专业户和经济不富裕地区采用。但是该类型大棚易朽坏，每年都需进行维修，并且修建该棚不宜太宽、太高，否则其牢固性差，遇到大风或大雪极易垮塌。因为棚内立柱多，遮阴面大，操作不便，也不便于机械耕作。

2. 悬梁吊柱竹木结构大棚　该类型大棚是在竹木大棚的基础上改造而成。一般棚宽 $8\sim12$ 米，中高 $1.8\sim2.4$ 米，两侧肩高 1.3 米左右。竹木中柱纵向每隔 3 米竖一根，横向每排 $4\sim6$ 根，两边立柱向外斜 $60°\sim70°$，以增加支撑力。用竹木杆作纵向拉梁把立柱连接成一个整体，在拉梁上每个拱杆下设一个吊柱，下端固定在拉梁上，上端支撑拱架，这样纵向比竹木结构大棚减少了立柱，光照状况得到改善，而抗风载雪能力不减。

3. 钢架结构大棚 这种大棚的骨架是用轻型钢筋或钢管焊接而成的。跨度 10～12 米，高 2.5～3.0 米，每道拱架间距 1 米，并用 6 道钢筋连为一体。采用 3 道膜覆盖，棚顶盖一幅，东西两侧腰部至地面各盖一幅 1 米高底脚围裙。盖膜时先盖东西两侧的薄膜，膜下端埋入土中，顶膜盖住脚膜至少 30 厘米，将顶膜揭起就可放风。这种棚没有立柱，便于作业。该类型棚坚固耐用，中间无立柱或只有少量支柱，空间大，便于蔬菜生长或人工、机械作业。

4. 混合水泥柱结构大棚 此类型大棚是采用竹木和钢架混合，每隔 3 米左右设一个平面钢筋拱架，用钢筋或钢管作为纵向拉杆，将拱架连接在一起，并可在棚内设几个水泥立柱。该类型大棚用钢量少，成本较低，抗风、雪载能力强，使用期也比镀锌管棚长，但棚架重，搬运移动不便，装配或使用不当时，拱架连接处较易损坏。

5. 镀锌钢管装配式大棚 自 20 世纪 80 年代以来，我国在引进、消化、吸收国外同类产品的基础上，研制出了定型设计的装配新型钢管大棚。该类棚跨度 6～8 米，中高 2.5～3 米。用直径 22 毫米×1.2～1.5 毫米镀锌钢管制作拱架、拉杆、立杆等，并用卡槽和套管连接各钢管组装成棚体，并有 2～4 道固定棚膜的铁皮卡槽或压膜槽固定棚膜。这类大棚采用热浸镀锌的薄壁钢管为骨架建造而成，虽然造价成本较高，但由于它具有强度好、耐锈蚀、重量轻、易于安装拆卸、棚内无柱、采光好、作业方便等特点，同时其结构规范标准，可大批量工业化生产，所以在经济条件好的地区，有较大面积的推广应用。

二、塑料大棚的建造

（一）塑料大棚的选址

1. 光照条件 光照是大棚的主要能量来源，它直接影响棚内温度的变化，影响蔬菜的光合作用。而茄子又属于喜光蔬菜，因此对日照时数的充分利用，对于茄子塑料大棚栽培非常重要。为保障塑料大棚有足够的自然光照条件，应选择地势平坦或南坡、避风向阳的场地，东、南、西三面无高大的建筑物或树木，向南倾斜5°～10°的地势最好。应避免在山谷风口处或窝风低洼处建棚，以免造成茄子风害。

2. 水肥条件　选用地下水位较低、富含腐殖质的肥沃土壤，切勿在地下水位较高处建棚，否则早春地温回升慢，会影响茄子生长。如只能在低洼处建棚，则必须在大棚四周开深沟排水，以降低地下水位。大棚应建在靠近水源、交通方便的地方。茄子育苗棚要尽量建在距茄子定植田较近的地方，以便于茄子定植时取苗。

3. 大棚的走向　在条件允许的情况下尽量采用南北走向，因为南北向塑料大棚的透光量比东西向多5%～7%，棚内白天温度变化较平缓，温度调节也较方便，有利于茄子生长。

（二）竹木结构大棚建造方法

建棚时，先在大棚南北两端画出大棚四边的线，标出主柱位置，然后挖坑。在大棚南北两端按设计要求各挖6根立柱坑，再从各柱基点沿南北方向拉6条线，从南向北推移，每3米一排立柱。立柱坑深40厘米，宽30厘米，下垫砖或基石，后埋立柱，并踏实。要求各排立柱顶部高度一致，南北向立柱在一条直线上。

固定拉杆时，先将竹竿用火烤一烤，去掉毛刺，从大棚一头开始，南北向排好，竹竿大头朝一个方向，然后固定在立柱顶端向下20～30厘米处。要求全部拉杆要与地面平行。拉杆安装好后，在其上面按距离要求用铁丝将小支柱下端与拉杆固定牢，使其不致摇动或偏斜。由于拱杆直接与塑料薄膜接触、摩擦，因此要求拱杆必须直而光滑，并要在拱杆接头处用废塑料薄膜包好，防止磨坏塑料薄膜。一般选用6～7米长的竹竿，每条拱杆用2根，在小头处连接，固定在立柱或小支柱顶部，弯成弧形，大头插入土中。

扎好骨架后，在大棚四周挖一条 20 厘米宽的小沟，用于压埋薄膜四边。为了固定压膜线，在埋薄膜沟的外侧埋设地锚。地锚为 30～40 厘米大的石块或砖块，埋入地下 30～40 厘米深，上面和薄膜横向连接。

棚上扣塑料薄膜应在早春无风天气进行。大棚薄膜一般焊接成 3～4 块，两侧盖围裙用的薄膜幅宽 2～3 米，中间的塑料薄膜可焊接成一整块，亦可焊成 2 块。具体要求是：棚面较高、跨度较小的棚放顶风困难，可把中间的薄膜焊成一整块；反之，可焊成 2 块。扣膜时先扣两端下部膜，两头拉紧后，中间每隔一段距离用铁丝将薄膜上端固定在拱杆上。薄膜下端埋入土中 30 厘米。顶膜盖在上部，压住下部膜的上端，重叠 25 厘米，以便排水。棚膜要求绷紧。

压杆是防风的主要措施。压杆一般选用直径 3～4 厘米的竹竿，用铁丝绑在地锚上。在两道拱杆中间把薄膜压上后，用铁丝将压杆穿过薄膜紧紧绑在拉杆上。薄膜压好后，棚面成波浪形。

为了供人出入和通风换气的需要，大棚应开设门、天窗和边窗。棚门在棚的南北两头各设 1 个，高 1.5～2 米，宽 80 厘米左右。北侧的门最好设 3 道，最里边是坚固的木门，中间吊草苫，最外边用薄膜门帘，这样有利于严寒时节保温。为了便于通风，可在大棚顶部正中间每隔 6～7 米开一个 1 米² 的天窗，或在大棚两边开边窗。

（三）钢架结构塑料大棚建造过程

制作拱形架时先在水泥地面上画弧线，按弧线焊接成桁架。拱形架之间距离以 3～6 米较适宜，中间用竹竿或钢筋作拱杆，拱杆间距离为 1 米。拱形架之间的距离增大，则抗风力减弱；如果距离小，则会增加钢材用量。

跨度大的大棚最好设 7 根拉梁，中间的一根为三角形拉梁，起支撑拱杆、连接各拱形架的作用。大棚每边设 3 根拉梁，起支撑拱杆和加固骨架的作用。

大棚顶面的坡降很重要，如果坡度不适宜，会造成拱形凹凸不平，压膜线无法压紧薄膜，棚顶容易积水，造成棚架倒塌和降低抗风能力。合适的坡降为：中间拉梁高 2.75 米，第一道拉梁高 2.62 米，坡降 13 厘米；第二道拉梁高度 2.24 米，坡降 38 厘米，两边梁高度 1.6 米，坡降 64 厘米。总的要求是从大棚顶端越向两边坡降应逐渐加大。

各立柱底部、拱形架两端均应建造混凝土基座。拱形架的混凝土基座应在一个水平线上，或从北向南有一些坡降，形成北高南低的走向，以利于增加棚内光照。基座的上表面应高出地平面 5～10 厘米，以延缓基座钢板锈蚀速度。

拱形架在焊接时应注意拱形面与地面垂直，若有倾斜，则降低稳固性。在安装拉梁时，应保持拱架垂直。为了增加强度，在拉梁的两头应架设拉线和地锚，用拉链向外拉紧。

（四）装配式镀锌钢管大棚建造过程

安装时按图在地上放线，沿棚边内侧挖 0.5 米深的沟，沟底踏实，拉设一圈用 12～16 毫米的圆钢做成的圈梁，圈梁的四角焊接在水泥基础桩上。每个拱杆均用铁丝与圈梁扎紧。安装后盖土踏实。这种大棚的基础很重要，一定要打筑结实。

拱杆间距都有一定的要求，不得任意加大或缩小。若拱杆间距加大，虽有降低成本、扩大使用面积的效果，但却有降低抗风雪能力和薄膜固定不紧的副作用。

管式大棚的架材均为薄壁钢管，很容易变形或伤残，破坏其配合关系而失去紧度。因此，在装配时切忌用铁器砸敲。管式大棚的塑料薄膜是用卡簧和卡槽固定的，固定处的薄膜极易老化损坏，因此最好在固定薄膜时垫上一层牛皮纸或废报纸。拱杆在安装时一定要注意在同一平面上，不能扭曲，弧度要圆滑，距离要一致，纵向拉杆和卡槽要平直。覆盖薄膜后一定要用压膜线压紧薄膜。

三、塑料大棚的环境特点

(一) 温度

大棚内的热量主要来源于太阳光，大棚就是利用温室效应达到一个热环境，一般情况下晴天棚内温度高于棚外 10℃以上，但塑料大棚内温度的季节性变化和昼夜温差都较大。冬季棚内温度只比外界高 1～2℃，北方寒冷地区不能栽培作物。夏季棚内气温和地温都很高，必须有效降温才能利用。大棚内温度具有晴天升温快、阴雨天升温慢，温度变化剧烈、日较差大等特点，比日光温室更易产生高温和低温危害。晴天日出后棚温开始升高，10 时后气温剧烈上升，13 时达最高值，然后逐渐下降，日落前 2 小时下降最快，日出前 2～3 小时达最低值，最低气温仅比外界高 3～5℃。低温季节甚至会出现"棚温逆转"现象，即白天阴雨蓄热少、夜间天晴有微风、散热量大，棚内温度低于外界温度，对喜温的茄子危害很大。

(二) 光照

光照是大棚蔬菜生长发育的动力，也是大棚热量的主要来源。塑料大棚可全面受光，光照条件虽不如露地，但优于日光温室。各类大棚间因结构不同，棚内光照略有差异，组装式钢管大棚光照条件最好，钢筋骨架大棚次之，竹木大棚较差。大棚内光照日变化与自然光相同，每天早晚低、中午高，晴天光照强、阴雨天光照弱。棚内光照分布为上强下弱，棚内 1 米高处光照约为露地自然光的 60%。因此，大棚的覆盖材料应选择透光率较好的防尘无滴膜，尽量减少光照损失。

(三) 湿度

塑料大棚密封性好，水分不易散失，且寒冷季节为了保温通风量较小，易形成较稳定的高温高湿利于病害发生和蔓延的环境。夜间空气湿度可达 90%以上，白天也在 70%以上。大棚内的土壤湿度受浇水以及棚室密闭空气湿度较高的影响，也显著高于露地。可通过通风换气是调节棚内湿度的主要措施。也可以采用全地膜覆盖，不仅可以提高地温保墒，还可以减少土壤水分蒸发，降低棚内湿度。

(四) 气体环境

塑料大棚密闭性强，棚内气体构成与外界相比存在明显差异。特别是二氧化碳含量变化很大，夜间大棚密闭，茄子呼吸和有机肥分解都会放出二氧化碳，使浓度远高于正常值；白天茄子光合作用消耗二氧化碳又使浓度逐渐降低，甚至远低于正常值，限制了茄子的生长。而且，由于棚内施入未腐熟的有机肥或铵态化肥，释放出氨气和二氧化氮等有害气体，其积累到一定浓度就会对茄子产生气害。因此，在棚室内增施二氧化碳肥、及时通风换气，是有效防止有害气体积累、二氧化碳量不足的有效途径。

第二节　品种选择

塑料大棚茄子主要是早春栽培和秋延迟栽培，应选用抗寒耐热、抗病性强、比较耐弱光、植株长势中等、开张度小、适于密植早熟或中早熟、品性好的高产品种，目前常用的塑料大棚栽培茄子品种如下。

1. 沪茄 2 号　上海市农业科学院园艺研究所选育的杂种一代。植株生长势强，株高 100 厘米左右。始花节位在第 8～10节。果长 30～35 厘米，果粗 3.5～4 厘米，单果重 150 克。果皮紫黑色，果形直，品质优良。早熟，耐低温能力较强。

2. 辽茄 3 号　辽宁省农业科学院园艺研究所经过有性杂交选育成功的紫长茄品种。该品种叶脉、花冠、果皮均为紫色。果实椭圆形，纵径 18 厘米，横径 9.5 厘米，有光泽，单果重250 克。果实品质优良、商品性状好，经济效益高，植株整体抗病性强，并具有广泛的适应性，在我国大部分地区用于保护地栽培。

3. 苏崎 3 号 江苏省农业科学院蔬菜所选育的茄子一代杂种。早熟，耐低温弱光。植株生长势较强，株形较直立，连续结果性好，早期产量高。果实平均长 30 厘米，粗 5.0 厘米，单果重 200 克左右。商品果皮黑紫色，着色均匀，光泽度强，耐老、耐储运，适合全国各地早春保护地栽培。

4. 苏崎 4 号 江苏省农业科学院蔬菜所选育的茄子一代杂种。早熟，耐低温弱光，耐热。植株生长势较强，株形较直立，连续结果性好。果实平均长 32 厘米，粗 4.5 厘米，单果重 200 克左右。商品果皮黑紫色，着色均匀，光泽度强，耐老、耐储运，适合全国各地早春和秋延后保护地栽培。

5. 京茄 20 北京市农林科学院蔬菜研究中心、北京京研益农科技发展中心选育的长势强、耐贮运、适宜保护地长季节栽培的茄子杂种一代。植株根系发达，主茎生长快，长势极为旺盛，茎高可达 2.5 米以上。叶片大，叶色青绿色。果实黑紫色，果皮光滑油亮，光泽度极佳。果柄及萼片呈鲜绿色，无刺。果形棒状，果长 25～30 厘米，果实横径 5～7 厘米，单果重 200～250 克。果皮厚，不易失水，货架期长，商品价值高。该品种耐低温弱光，抗逆性强，保护地长季节栽培每亩产 18 000 千克以上。

6. 引茄子 1 号 浙江省农业科学院选育的优质高产新品种。该品种株型较直立紧凑，开展度 40 厘米×45 厘米，结果层密，坐果率高，果长 30～38 厘米，果粗 2.4～2.6 厘米，持续采收期长，生长势旺，抗病性强，根系发达，耐涝性强。商品性好，商品率高。果形长直，不易打弯，果皮紫红色、光泽好，外观光滑漂亮，皮薄、肉质洁白细嫩而糯，口感好，品质佳，一般每亩产 3 500～3 800 千克。适宜冬春保护地、春季露地等各种模式栽培。

7. 杭茄 1 号 杭州市蔬菜研究所选育的一代杂种。该品种生长势和耐寒性强，苗期生长快，低温时期坐果好。株高 70 厘米左右，开展度 75 厘米左右。第一雌花出现在第 10 叶，坐果多，每株结果约 30 只。果实细长且粗细均匀。平均果长 35 厘米，横径 2.1 厘米，单果重 48 克左右。果皮紫红色、光亮、皮薄，肉白色，品质糯嫩，不易老化，商品性佳。抗病性较强，一般每亩约产 2 500 千克。适宜长江流域早春大棚栽培。

8. 布利塔　从荷兰引进的杂交种。植株开展度大，花萼小，叶片中等大小，无刺，早熟，丰产性好，生长速度快，采收期长。果实长形，果长 25～35 厘米，直径 6～8 厘米，单果重 400～450 克。果实紫黑色，质地光滑油亮，绿萼，比重大。

9. 川茄 1 号　四川省农业科学院园艺研究所育成的杂种一代。植株生长势强，株高株高 110～120 厘米，植株开展度 70～75 厘米。叶片中等大，叶色深绿。始花节位在第 11～14 节。果实长棒形，果长 27～29 厘米，横径 4.6 厘米，果形指数 6.3 左右，平均单果重 160～170 克。果皮紫黑色，有光泽，果肉白色，籽少，品质好。采收期长，稳产性高，丰产性强。

10. 渝早茄 4 号　重庆市农业科学院选育的早熟杂交种。植株长势强，株型较紧凑，不易倒伏。始花节位在第 10～11 节，定植至始收 50～53 天。果皮黑紫色，光泽感强，果形长棒状，纵径 29 厘米左右，横径 5 厘米左右，平均单果重 150 克左右。

11. 茄杂 2 号　河北省农林科学院经济作物研究所培育的紫红色圆茄杂种，长势强，始花节位在第 8～9 节，膨果速度较快，果皮紫红色，有光泽，果肉浅绿色，不褐变，单果重 550～800 克，最大单果重可达 2 000 克，连续坐果能力强。具有早熟、优质、抗逆性强、适应性广等特点。

12. 大龙长茄　日本泷井种苗株式会社引进。植株生长势强，果长 35～40 厘米，果皮黑紫色，光泽好。果肉细密，品质好。耐热性好，早熟，丰产性好。

第三节 茄子大棚春提早栽培技术

一、品种选择

茄子保护地春提早栽培应选择株型紧凑、雌花节位低、结果早、品质好、较耐弱光、耐寒性较强、抗病、高产的品种，如苏崎系列长茄、紫长茄等。

二、培育壮苗

(一) 播种期的确定

大棚春提早栽培的茄子上市越早，效益越高。选择适宜的播种期和苗龄，培育出适龄壮苗，是茄子早熟丰产的关键。如果播种太早，往往导致幼苗在苗床内开花，定植后缓苗慢，门茄不易坐住；如果播种过晚，则苗龄短，植株小，难以达到早熟栽培的目的。因此，选择播种期时，应根据品种和育苗条件确定，一般苗龄在80～90天定植。

(二) 苗床准备

春提早栽培茄子一般采用酿热或电热温床育苗。酿热温床的酿热物平均厚度不小于30厘米；电热温床可在5～8厘米深处按100瓦/米² 功率布埋电热线。床土可选用园土（最好前茬是葱蒜类的表层土壤）5～6份，充分腐熟的有机肥1～1.5份，过筛后配制，床土厚度10厘米。具体的床土配制方法以及消毒方法可参考第二章。

(三) 种子处理

将选择籽粒饱满、无病虫害的种子用纱布包好，放在常温水中浸泡10～15分钟，然后转入55～60℃的热水中烫种15分钟，并不断搅拌。水温降至30℃时，浸种6～8小时后捞出，搓洗晾干后，再进行种子消毒，具体方法同前述。消毒后再用湿纱布包好放在24～30℃下催芽，经6～7天有80%以上种子露白时即可播种。

(四)播种

播种要选在光照强的晴天进行，尤其是在气温低的天气要抢晴天中午播种，否则出苗不好。苗床播种前应浇足底水，以宁多勿少为原则，当水渗下后，撒一薄层过筛细土，可防止播种时种子表面染上泥浆，影响呼吸和出苗。均匀撒种，一般亩播种30～40克。播后及时均匀覆细土（营养土）1～1.5厘米，防止晒芽。在低温天气播种后，需立即盖上塑料薄膜，以利于尽快出苗。

(五)苗期管理

播种后，苗床上架拱棚，覆盖薄膜或草帘保温，保持温度白天27～30℃、夜间18～22℃。苗齐后白天保持22～25℃，夜间控制在15～18℃。不能过高，否则容易在花芽分化时造成中短花柱多，花易脱落，影响前期产量。晴天中午若温度高于28℃，应揭开小拱棚适当通风，避免高温高湿，引起茄苗徒长。定植前7天炼苗，白天保持22℃、夜间12℃左右。茄苗3～4片真叶后，出现叶黄、长势差、植株矮小等情况，可根据具体情况追施一定量叶面肥或腐熟人粪尿；如秧苗长势过旺，可用250～500毫克/千克矮壮素喷洒叶面。当苗龄60～70天，具有7～8片真叶时即可定植。

三、定　植

一般来说，当大棚内气温连续7天不低于8℃、10厘米地温不低于12℃，即可定植。春大棚早熟栽培的关键是提高早期产量，提高早期产量的关键是增加种植密度，增加第一、二层果的数量。定植密度与茄子品种及整枝方式有关。一般早熟品种采取单干整枝的，适宜株行距为18厘米×60厘米，每亩栽苗6 000株左右；采取双干和三干整枝的，适宜株行距为30～35厘米×60厘米，每亩栽苗3 000～3 500株。如果选用中熟品种，密度一般比早熟品种减少15％～20％。定植宜选择在晴暖天气的上午进行，如果是下午定植，为防止地温下降，可在第二天上午浇水。定植时棚温应高于育苗棚温度，至少不低于育苗温度，否则缓苗慢，影响成活。

四、田间管理

（一）温湿度管理

大棚内环境受外界影响较大，特别是温度，人为调控能力较差，而且茄子整个生长期对温度较为敏感，所以管理上应特别小心。

定植初期为了促苗发棵，应密闭保温，使棚内保持一个高温高湿环境，促进缓苗。白天气温保持在30℃左右，空气相对湿度70%～80%。如果棚内温度过高，可在中午短时间放风。缓苗后，要适时通风，排湿降温，防止苗子徒长，白天气温控制25～30℃，超过30℃要开风口放风。放风时要把握先小后大，逐渐增加通风量。定植后要注意倒春寒，室外温度过低时要注意棚内保温，及时加盖草帘。

茄子进入开花结果期后，要注意保持棚内温湿度稳定。茄子果实发育的最适宜白天温度25～28℃，夜晚18～20℃，不能过高或过低，在38℃以上的高温或者15℃以下的低温下，花粉粒萌发受阻，不能受精而落花，即使结实也发育成单性结实果。

（二）肥水管理

春提早茄子早期产量的构成主要是单果重和结果数，开花多，结果率高，是保证前期产量的关键。因此，合理的肥水管理是早春茄子取得丰产的关键因素。通常定植水浇透后，一般在门茄开花前不需要浇水，只有发现土壤水分不足时可适当补水，但不能浇大水。在门茄开始"瞪眼"后开始浇水追肥，以促进门茄膨大，一般每亩施尿素10～15千克或腐熟人粪尿1 000～1 500千克，化肥可以进行开穴施用，也可以结合浇水随水冲施。进入盛果期后，要大水大肥，一般每7～10天浇水1次，15～20天追 1 次肥，追肥可用尿素、硫酸铵或硝酸铵每亩 20 千克，或复合肥每亩 30 千克，或腐熟人粪尿每亩 1 000 千克。追肥过程最好把无机肥和有机肥交替施用；结果的中后期还可以进行叶面喷施 0.3％磷酸二氢钾和 0.2％尿素溶液 2～3 次，以促进坐果。

（三）植株调整

大棚内栽培的茄子，由于密度较大，光照较弱，通风量相对露地要小，更容易引起植株徒长，从而导致无法及时开花坐果，为了使茄子能够较好地生长发育，能够充分利用光照，必须进行整枝摘叶，从而促进植株早开花结果，提高产量与果实品质。

1. 整枝打杈 茄子整枝打杈在门茄开花时进行最佳，打杈过早容易产生新的腋芽，过晚又消耗植株养分。目前茄子常用的整枝方法有单干整枝、双干整枝、改良三干整枝等。

单干整枝：每株茄子只留 1 个枝条作为主枝，将门茄以下的侧枝全部打掉。门茄以上结 2 个果实，保留 2～3 片叶摘心，以后每级发出的侧枝都留 2 个果实摘心。单干整枝适合密植，早期结果多，有利于提早上市。

双干整枝：即留主茎和一个侧芽，每枝留 1 个果，每层留 2 个茄子。将主茎和侧枝上再长出来的各级分支选留一条较好的坐果，打掉其他所有侧枝，直到"八面风"为止，在顶部留 2～3 片叶摘心，但是有些品种连续坐果能力强的，可以在"八面风"上继续坐果。双干整枝法使植株营养供应比较集中，果实发育较好，可提高早期产量。

改良双干整枝：在双干整枝的基础上，选留门茄以下的一个侧枝结 1 个茄子，挂果后在该枝干的顶部留 2 片心叶后，摘除生长点和其余侧枝。其后按双干整枝法进行整枝。这种整枝法可以充分利用棚室内的温、光资源，使植株早结果、多结果，提高茄子早期产量，增加经济效益。

2. 摘叶 进入结果中期，植株下部老叶逐渐变黄，光合能力减弱，制造光合产物减少；而且老叶的抗病能力弱，极易染病；下部老叶还容易遮阴，使植株中下部光照不良，严重影响果实着色，因此要及时摘除，并带出棚外集中掩埋或烧掉。

3. 搭架 茄子搭架可以起到固定植株、防止倒伏、改善田间通风状况的作用，有利于茄子着色均匀、光泽好，提高果实商品性。搭架的主要方法有单杆直立型、栏架型、人字型等。单杆直立型是在整枝后，在每株茄子基部外侧竖直插入一个竹竿，用尼龙绳将植株与竹竿捆住支撑，防止倒伏。栏架型是在栽培垄两侧搭栏杆，先在栽培畦两端插好竹竿，竹竿上绑两道尼龙绳，分别在栽培垄两侧，把茄子夹在中间。三脚架型搭架比较坚固，抗风，主要用于露地栽培。将相邻的 3 根或 4 根竹竿绑为一组，呈锥形。

（四）保花保果

由于春提早大棚茄子开花仍处于低温时期，且大棚内相对密闭，棚内昆虫等较少，对花朵授粉不利，容易造成落花落果，因此必须用生长调节剂进行保花保果处理。目前常用的生长调节剂有坐果灵、防落素、保丰灵等。

2.5% 坐果灵 500～1 250 倍液，在花瓣平展时，用手持式小喷雾器将稀释液对准花和幼果喷雾，不要将液体喷到嫩叶或生长点上。使用浓度与温度有关，当室内温度高于 25℃时，使用浓度为 1 250 倍液，当室温低于 25℃高于 15℃时，使用浓度为 850倍液，当气温低于 15℃时，使用浓度为 500 倍液。喷花时，可以在药液中加入 1～2 克腐霉利或扑海因，既可防止落花落果，又能促进早熟。

1% 防落素 250～500 倍液，在盛花期前期至幼果期喷花喷果，间隔 10～15 天喷 1 次。使用浓度也与棚室内温度高低有关，随着温度的升高，浓度应适当降低。

保丰灵 1 500～2 500 倍液，在开花前 1 天、开花当天以及开花后 1 天，用手持喷雾器喷蕾、花和幼果。使用浓度也与棚室内温度高低有关。

使用上述植物生长调节剂处理花时应注意药剂应当天使用当天配置，最佳处理时间在上午 10 时之前和下午 3 时之后，严禁在中午烈日下喷花。喷花过程中不能将药剂喷洒在叶片或植株生长点上，如果不小心沾上，应及时清理，防止造成植株生长点萎蔫。使用过程中不能任意降低或提高浓度、重复点花，以防无效或造成畸形果和裂果。

五、采　　收

茄子以采收嫩果为主，并适时采收，才能获得较好的品种和产量。一般在定植后 40~50 天即可采收上市。采收太早，产量低；太晚，果实光泽度下降，种子变硬，严重影响茄子的风味和品质，也影响上部果实发育，使经济效益受到一定影响。在生产上，门茄需要及早采收，否则容易长成僵茄，影响对茄膨大和植株生长。采收时一般在早晨进行，茄子果实在早晨光泽度最好且饱满，用剪刀沿果柄根部剪下，装入采收袋或采收篮中，采收过程中应尽量避免机械损伤。

六、茄子再生栽培

茄子剪枝再生栽培又叫更新栽培，是近年来茄子栽培技术上的一大创新。它是根据茄子植株具有再生能力的特性，即在春茬茄子结束采收后，剪去植株的上部枝条，促进其萌发新枝并开花结果的一种栽培技术。这种新的栽培技术能够克服重茬和由于夏季温度过高给育苗带来的困难，同时解决高温茄子品质差、通风透光性差、营养不良、茄子较小、易倒伏等缺点。使茄子形成两次产量高峰，是延长茄子采收期、实现优质高产高效的一条重要途径，其实质也是秋延后栽培的一种特殊形式。

（一）老株更新的修剪方法

根据茄子老株长势与再生枝采果最佳时期，确定老株更新的时期。当老株上盛果期茄子采收完毕时，从健壮茄株的基部离地

10～20 厘米处修剪，选留长势好或粗壮的侧枝 2～3 个作为再生枝。操作应选择在晴天上午进行，以免伤口进水，引发病害，剪后用 0.1％高锰酸钾溶液涂抹伤口，防止病菌污染。

（二）再生植株的田间管理

茄子老株被剪枝后，要及时追肥灌水，加强温光管理，促进新枝生长发育。随水追施尿素每亩 15 千克以上，追肥要深施，可在茄子根部附近挖孔穴施，并浇透水。茄子剪枝后 7 天左右即可萌发生长新枝，逐渐长成再生植株。夏季温度高，雨水多，应注意排涝，防止杂草及病虫害，中耕培土，以利茄子繁茂生长。以后每 10 天浇一次水，在第一个茄子坐果后，每亩再追 10 千克尿素、10 千克钾肥。棚内栽培的，在高温季节要通风降温，以防高温、干旱对茄子的伤害。

（三）再生植株的整枝

剪枝 8～10 天后腋芽即可形成侧枝，选留侧枝长势好或粗壮的侧芽 2 个为再生枝，老株长势弱的选留 1 个再生枝。选留 2 个侧枝长到 10 厘米左右时，按双干整枝技术对再生植株及时进行整枝。另外，由于不同植株再生枝发生的时间早晚不同，植株的高度也不相同，应根据植株的生长情况及时调节植株的生长势，以防止植株之间高度差异过大，保持田间生长整齐。

（四）保花保果

再生枝条生长发育好与差，棚室内田间管理是关键。一般在剪枝后 10 天左右，新枝上第 1 朵花蕾开始正常开花结果。为防止落花落果，确保坐果，要及时采用激素处理，由于气温下降，茄子生长变慢，10 月中旬以后不要采收果实，到 10 月下旬一次采收上市。若要继续延后栽培，应在 10 月中旬加盖草帘，追肥、灌水、保温。

（五）病虫害防治

茄子再生栽培，必须注意病虫害的发生与防治，及时将修剪后的病叶、病枝带出棚外，以保持植株健壮生长，确保较高的密度，否则难以获得预期的收益。该时期主要有黄萎病、菌核病、猝倒病、褐纹病、绵疫病及蚜虫、红蜘蛛、茶黄螨等病虫害，要选用适当方法和相应药剂及时防治。

第四节　塑料大棚秋延后栽培

大棚秋延后栽培茄子，主要供应秋、冬等淡季市场。由于茄子本身喜温暖，怕寒冷，正常生长是由冷到热，而进行秋延后模式栽培茄子，其生长期的温度条件却是由热到冷，因此在栽培上有一定难度，栽培技术较高。塑料大棚秋延后栽培茄子的关键技术如下。

一、品种选择

秋延后茄子栽培在播种至坐果初期处于夏、秋高温季节，而持续结果盛期却处于秋冬的低温寒冷期，因此要求该茬品种苗期耐热性较强，结果期耐低温和弱光，并且能在低温弱光条件下正常坐果，连续坐果率高，畸形果少，易贮藏，抗病能力强。可选用安阳大红茄、茄杂 2 号、苏崎 3 号、苏崎 4 号、湘杂 6 号、晚茄 1 号、辽茄 7 号等品种。

二、培育壮苗

（一）播种期的确定

秋延后栽培茄子，一般在 7 月上旬至 7 月下旬育苗，苗龄40～60 天。如果播期过早，病害严重，而且秧苗徒长导致入冬后生长受抑制；播种期过晚病害虽轻，但生长期不足，影响产量。

（二）苗床准备与播种

夏季育苗的苗床应选择地势较高、排灌水方便、3 年内未种过茄科作物的土块，由于育苗时正值高温季节，也可在大棚扣遮阳网育苗。由于此时期气温高、育苗时间短，只需施入少量腐熟有机肥作基肥。按每立方米床土加 200～300 千克有机肥，深翻整平，作畦，按 20～30 份床土加入 1 份药的比例，加入敌克松和代森锰锌的混合药剂进行土壤消毒，以防发生苗期病害。苗床整平后，浇足底水。夏季茄子播种一般在下午进行，由于茄苗生长较快，一般不进行分苗，所以播种时按 15 厘米×15 厘米划方块，并将催好芽的种子放在方块中央，每方块放 1～2 粒种子，随即用过筛营养土盖严，盖土厚度 1～1.5 厘米。

（三）苗期管理

茄子播种后可将遮阳网直接覆盖在苗床上，待幼苗出土后在畦上再插小拱架，上面覆盖遮阳网或纱网，以防太阳曝晒。如在塑料大棚内育苗，可将遮阳网直接覆盖在棚膜表面，并用压膜线固定，通风效果较采用小拱棚覆盖要好。夏季育苗时蚜虫发生严重，极易引起病毒病传播，育苗时还应在苗床上搭设防虫网覆盖，以防苗期感染病虫害。

夏季育苗温度高，在育苗过程中应密切注意苗床内温度的变化，白天应将塑料大棚四周的裙膜全部去掉，以加强通风；阴天和光照不强烈的早晚，应将遮阳网去掉，保证幼苗接受充足的阳光，保持苗床一定的温差。

夏季茄子育苗很容易产生徒长苗，与育苗过程中水分管理不当有很大的关系。一般育苗前应一次性浇足水，到幼苗出土子叶展开期间尽量不浇水，子叶出土后根据苗情和苗床含水量进行浇水，应做到宁干勿湿，如果浇水量过大，则很容易引起茄苗徒长。

幼苗出土后，要及时松土，以免幼苗徒长或因苗床湿度大而发病，同时应清除苗床及周围的杂草。发现幼苗徒长，可用 0.3%矮壮素溶液喷洒幼苗。如果幼苗发黄、瘦小，可用 0.5%磷酸二氢钾和 0.5%尿素混合液在幼苗 2 片叶时进行叶面追肥，促进植株健壮生长，增强抗病能力。在蔬菜大棚育苗时，用茄子护根剂 22.5 千克/公顷，拌细土 3 000 千克/公顷，围药土 50 克/株，预防茄子黄萎病。苗期还应注意防治蚜虫和白粉虱等虫害，对于蝼蛄和小地老虎等，可用黑光灯进行诱杀，也可用辛硫磷灌根，或用敌百虫原粉拌炒香的麦麸制成毒饵诱杀。喷肥和喷药一般都要在傍晚进行。

三、定　　植

定植期选在 8 月上中旬，选择阴凉天气定植于大棚内。定植前要浇透底水，以促进缓苗。定植后应立即用遮阳网等覆盖，每天下午浇一次水，保证茄苗不因高温而失水。秋延后栽培，由于后期气温逐渐降低，植株长势逐渐放缓，可以适当密植，以提高后期产量，一般每亩定植 4 000 株左右。

四、田间管理

定植后正值高温多雨季节，要特别注意雨后排涝，防止雨水过多而造成烂根。植株活棵后及时中耕松土、保墒、蹲苗，促进茄子根系发育。茄子开花时，用防落素防止落花落果。进入结果期后要加强肥水，以促进植株生长和坐果。一般每亩追施尿素 20 千克，隔 15 天左右追施第二次肥，还要增施钾肥。每次浇水后都要通风排湿，以减轻病害发生。要及时摘除下部黄叶、病叶，将其余的茄子腋芽或侧枝打掉。但一般后期温度降低后，尽量不再浇水施肥，防止植株发生冻害。

随着外界气温的降低，要适时扣小拱棚保温。华北地区一般在 9 月初扣小拱棚，而长江流域地区一般于秋分过后尽早扣膜。扣棚初期应昼夜通风，防止高温高湿对植株造成伤害。当外界气温降到 15℃时，夜间应关闭封口，防寒保温。寒露至霜降期间，如果天气正常，白天气温较高时，要揭膜通风降温，此时大棚草帘也应尽量放好，以防夜晚出现霜冻。寒流较强时，晚上还要放草帘保温。结果期外界气温逐渐降低，应加强温度控制，棚内白天温度控制在 22～28℃，夜晚 13～18℃，使昼夜温差保持在 10℃左右，有利于果实生长。

五、采　收

　　茄子果实达到商品标准时，要及时采收上市。采收茄子可延迟至 12 月初。最后一次采收茄子可适当延长，此时气温较低，可保留 7～10 天推迟上市，以增加效益。严冬季节到来前收获完毕。

第六章

茄子露地栽培技术

茄子的栽培模式多种多样，因其喜温怕热、怕霜冻，露地栽培茄子时，只能在当地无霜期的季节种植。根据播种期和栽培时间可分为春露地栽培（春茬）、夏秋露地栽培（秋茬）。南方部分地区还可进行秋种冬收和冬种春收等茬次。

第一节　春露地茄子栽培技术

春露地茄子栽培关键是育苗和病虫害的防治，以及解决高温雨季时植株的烂果问题。春露地栽培茄子又两种栽培模式，一是经温室育苗后，定植于小拱棚内，进行一段时间保护地栽培，待天气转暖后撤除小拱棚，变为露地栽培。二是通过设施育苗后，在终霜以后定植在露地。两种方法的定植期相差 15天左右。

一、品种选择

春露地栽培茄子，其生长期在夏季高温季节，因此应选择耐热性强、产量高、抗病性好（特别是抗黄萎病）、品质好并适合当地消费习惯和市场需求的中晚熟品种。南方地区一般选用的品种有苏崎茄、国茄 1 号、宁茄 4 号、高杆竹丝茄、墨茄、红丰紫长茄、粤丰紫红茄、中日紫茄、白玉白茄、紫荣 2 号、宁茄、伏秋茄等。华北地区一般选用的品种有安阳大红茄、圆杂 2 号、天津二苠茄、北京九叶茄、丰研 1 号等。主要品种介绍可参考第二章。

二、播种育苗

(一) 播种期的确定

播种期应根据当地终霜期早晚、育苗方式、栽培品种与目的、育苗设施以及育苗技术来综合决定。一般茄子的苗龄在100~110天，如华北地区在温室育苗，可在2月初播种，4月下旬定植。长江流域一般12月中下旬播种，华南地区可提前到10~11月播种。

(二) 苗床准备

苗床土的配置，可用过筛的优质腐熟农家肥或鸡粪与3年内未种过茄科作物的田园土充分混合均匀，再向每立方肥土中加入过磷酸钙3~4千克、磷酸二铵1.5千克、草木灰5千克左右，混合均匀后将营养土撒在苗床上。播种前要进行土壤消毒，可采用每平方米床面用五代合剂（用40％的五氯硝基苯粉剂5份与80％的代森锌可湿性粉剂5份混合）8~9克，或用多菌灵每平方米床面用药10~20克，使用药剂时要与肥土充分拌匀。

春露地栽培茄子育苗时由于外界气温较低，为了防止发生苗期冻害，可以采用电热温床育苗，在苗床上铺设地热线进行人工加温。具体的铺设方法可参考第三章，本节不再赘述。

(三) 播种

选晴天上午播种，将经过浸种催芽的种子均匀撒在畦面上，上盖1厘米厚的营养土，后盖地膜，再加盖小拱棚，以保持苗期温度，促进幼苗出土。出苗前白天温度保持在25~30℃，夜间16~20℃，地温20℃左右，一般5~6天可出齐苗，70％出苗后撤去地膜。

三、苗期管理

茄子整个苗期生长发育要求温度比较高，一般白天气温要保持在25℃，夜间15~20℃，如果土温过低，根系发育不良，易发生猝倒病或立枯病。而且，夜间温度过低也不利于茄苗的花芽分化，容易形成畸形花等。当幼苗长至二叶一心时进行分苗，方法是 10~15 厘米行距开小沟，沟内浇水，按 10 厘米株距摆开，然后盖营养土。分苗后加强保温，白天 28~30℃。夜间 16~20℃。当幼苗心叶开始生长时，白天温度控制在 20~25℃，夜间 13~15℃，防止徒长。定植前 10 天左右进行炼苗，白天 20℃左右，夜间 12℃左右。

四、整地作畦

（一）整地

茄子忌连作，因此应选用冬闲地或前茬为越冬菠菜、青菜地。在前茬作物收获后及时清除地里的枯枝烂叶，对于冬闲地应于上年入冬前深耕晒垡，使土块松散，有利于蓄水保肥，提高土壤肥力，并可杀死土壤中的病虫害等。结合整地，每亩施入腐熟农家肥 5 000 千克、磷肥 50 千克、钾肥 30 千克或草木灰 200 千克作基肥，深翻耙平，即可作畦。

（二）作畦

各地春季露地栽培茄子，作畦的方式各不相同，有平畦、高畦、低畦等形式，应依据栽培地区、栽培方式、品种、茄子的生长和便于整枝打杈、果实采收等管理条件确定畦的形式。南方多采用深沟窄畦方式，一般畦宽 1.3~2.0 米，沟深 20~30 厘米，津京地区一般作成小高畦，畦高 10~15 厘米，宽 60~65 厘米，用 90~100 厘米幅宽的地膜覆盖，栽 2 行。东北地区则先沟施肥料，然后作成宽 50 厘米的垄，每两条垄搂平作成 1 米宽的小高畦，采取条开沟的方法，一畦定植双行。

五、定　　植

（一）定植期的确定

春露地茄子定植期应根据当地及定植地块的气候条件、苗子的大小等决定。一般在晚霜过后，耕层 10 厘米的土壤温度稳定在 13~15℃进行栽苗最为适宜。为争取早熟，在不受冻害的前提下，尽量早栽，北方多在 4 月下旬到 5 月上旬，长江流域一般在 4 月中下旬定植，南方 3 月底 4 月初定植。

（二）定植密度

合理密植是提高茄子产量的重要措施，春露地茄子应根据品种的特征特性、植株的生长状态、栽培方法和土壤肥力水平等因素而定。早熟品种比晚熟品种要密，株型紧凑、分枝能力弱的品种比植株开展大的品种密。适当密植，在一定程度上可以达到增产效果，但过密则适得其反。一般早熟品种每亩栽 2 500~3 000 株，中晚熟 2 200~2 500 株，而晚熟品种一般 2 000~2 500 株。

（三）定植

茄子定植最好选择在无风的晴天进行，因为温度高有利于缓苗。选用 8~9 片真叶的带花苗进行移栽。定植时尽量多带土，少伤根，按计划好的株行距栽苗、覆土。茄苗栽植的深度以露出子叶为宜。如定植过浅，茄苗与土壤接触面积小，吸收水分慢，不利于缓苗；如定植过深，发根慢，在黏土壤上易引起烂根。

（四）保温设施的搭建

为了防止茄子定植后受到冻害，促进茄子提早上市，某些地区也可采用搭设临时性覆盖，到后期温度提高后，撤去覆盖材料。这种栽培模式可提早 10~15 天定植，一般都采用小拱棚栽培。小拱棚的宽度和长度根据畦的大小决定，每畦搭设一个拱棚，拱杆一般采用竹片或细竹竿，每隔 2~3 米设一拱杆，拱高 30~40 厘米。然后用无色透明地膜覆盖在拱架上，将薄膜拉紧后周围用土压实。一般先定植后，再扣小拱棚，最后浇水。当棚内温度高于 25℃时，应在薄膜上打孔放风，当叶片接近薄膜后，即可撤去薄膜。

六、田间管理

露地栽培茄子，其温湿度由于受外界影响较大，人工无法调控，因此温湿度管理不是露地栽培茄子的重点，其管理重点主要集中在追肥、浇水、中耕除草、搭架、整枝以及防止落花落果和病虫害上。

（一）追肥

茄子生长期长，枝叶繁茂，需肥料较多，且很耐肥。追肥要根据各个不同生育阶段的特点进行，约可分为四个阶段。

1. 成活后至开花前　此阶段追把以"促"为主，促使植株生长健壮，为开花结果打基础。一般在茄子定植后 4～5 天，秧苗缓苗成活后即可追施粪肥或化肥提苗。宜淡粪勤施，一般结合浅中耕进行。晴天土干时，可用 20%～30%浓度的人畜粪浇施茄苗；阴雨天可追施尿素，每亩 10～15 千克，也可用 40%～50%浓度的人畜粪点兜。每隔 3～5 天追肥一次，一直施到茄子开花前。

2. 开花后至坐果前　此期以"控"为主，应适当控制肥水供应，以利开花坐果。根据植株生长情况，如果植株长势良好，可以不施肥。反之，植株长势差，可在天晴土干时用 10%～20%浓度的人畜粪浇施一次。若肥水不加控制，会引起枝叶生长过旺，导致茄子落花落果，必须引起足够重视。

3. 门茄坐果后至四母斗茄采收前　门茄坐稳果后，对肥水的需求量开始加大，应及时浇水追肥，肥随水浇，每亩追人粪尿500～1 000 千克，或磷酸二铵 15 千克。对茄和四母斗茄相继坐果膨大时，对肥水的需求达到高峰。对茄"瞪眼"后 3～5 天，要重施一次粪肥或化肥，每亩施人粪尿 4 000～6 000 千克或尿素15～20 千克，可随水浇施，视天气干湿情况，决定掺兑浓度。四母斗茄果实膨大时，还要重施一次粪肥或氮肥。从门茄"瞪眼"后，晴天每隔 2～3 天追施一次 30%～40%浓度的人畜粪，也可在下雨之前埋施尿素和钾肥，尿素和钾肥按 1：1 的比例混和均匀，亩埋施尿素和钾肥共 30～40 千克，整个结果期可埋施 2、3 次。

4. 四母斗茄采收后 四母斗茄采收后为盛果期，此期天气已渐炎热，土壤易干，主要以供给水分为主，一般以 20％～30％浓度的淡粪水浇施，应做到每采收一次茄子追施一次粪水。结果后期可进行叶面施肥，以补充根部吸肥不足，一般喷施 0.2％尿素和 0.3％磷酸二氢钾溶液，喷施时间以晴天傍晚为宜。

（二）水分管理

茄子枝叶繁茂，叶面积大，水分蒸发多，要求较高的土壤湿度。茄子的抗旱性较弱。菜农中有"晒不死的茄秧——要老"的说法，这说明幼嫩的茄子植株是不耐旱的。表面看来茄子很耐旱，这是由于茄子根系扎入土层较深，能够充分利用地下水的缘故，如果下层土壤很干燥，茄子的抗旱性就非常弱。当土壤中水分不足时，植株生长缓慢，还常引起落花，而且长出的果实果皮粗糙、无光泽、品质差。茄子的土壤湿度以 80％为宜。茄子生长前期需水较少，而且南方雨水较多，不必单独浇水，土壤较干需浇水时，一般结合追肥进行。为防止茄子落花，第一朵花开放时要控制水分，门茄"瞪眼"表示已坐住果，要及时浇水，以促进果实生长。茄子结果期需水量增多，应根据果实的生长情况及时浇灌。

露地栽培茄子常利用稻草、麦秸或茅草等在高温干旱之前进行畦面覆盖，可起到减少土面水分蒸发、降低土壤温度、防止杂草滋生、肥料流失、土壤板结等多种作用。覆盖厚度以 4～5 厘米为宜，太薄起不到应有的覆盖效果，太厚不利植株通风，容易引起病害和烂果。长江流域梅雨季节不宜覆盖，因雨水多，覆盖物难以保持干燥，下层茄果接触后易染病腐烂。

（三）中耕培土

长江流域地区夏季多雨，土壤易板结，应及时中耕松土。中耕一般结合除草进行，以不伤根系和锄松土壤为准，一般进行3～4次。植株封行前进行一次大中耕，深挖10～15厘米，培土宜大，便于通气疏水。结合这次中耕，如底肥不足，可补施腐熟饼肥或复合肥埋入土中，并进行培土，防止植株倒伏。植株封行后，就不再中耕。

（四）整枝摘叶

露地栽培茄子一般不必整枝。门茄以下各叶腋的潜伏芽在一定条件下极易萌发成侧枝，为了减少大量养分的消耗，改善植株通风条件，可在门茄"瞪眼"以前分次抹除无用侧枝。一般早熟品种多用三杈整枝，除留主技外，在主茎上第一花序下的第一和第二叶腋内抽生的两个较强大的侧枝都加以保留，连主枝共留三杈，除此以外，基部的侧枝一律摘除。在植株生长中后期要把病、老、黄叶摘除，以利通风透光和减轻病虫危害。

（五）保花保果

茄子开花过程中有不同程度的落花现象。茄子落花的原因很多，除由花器本身的缺陷引起落花外，光照不足、营养不良、温度过高（35℃以上）或过低（15℃以下）、病虫危害等也会引起落花。尤其是春天长时间的低温阴雨，土壤含水量过高、空气相对湿度过大，阻碍花粉萌发，从而导致落花；而且，茄子早期开花的数量不多，落花是造成早期产量不高的重要原因之一。防止茄子落花，除根据其发生的原因有针对性地加强田间管理、改善植抹营养状况外，使用生长调节剂能有效防止因温度引起的落花，目前常用的生长调节剂有防落素（即番茄灵）、坐果灵（PCPA，化学名称为对氯苯氧乙酸），使用浓度为0.004%～0.005%，可用小型喷雾器直接向花上喷洒，对茄子的枝叶无害。使用生长调节剂的最佳时期是含苞待放的花蕾期或花朵刚开放时，对未充分长大的花蕾和已凋谢的花处理效果不大。

七、采　　收

茄子采收的时间以早晨最好，果实显得新鲜柔嫩，除了能提高商品性外，还有利于贮藏运输。因为早晨茄子表面的温度比气温低，果实的呼吸作用小，营养物质消耗也少，所以显得新鲜柔嫩。采收时最好用剪刀剪下茄子，并注意不要碰伤茄子，以利于贮藏运输。

第二节　露地夏秋茬茄子栽培技术

露地夏秋茬茄子栽培，一般在春季露地播种育苗，在小麦收割后开始定植，因此又习惯称为麦茬茄子或晚秋茄子，是目前生产上最为常见的一种栽培模式。这一茬茄子集中上市是在8、9月份的蔬菜小淡季，对市场均衡供应有着积极意义。由于这茬茄子从育苗起就一直处于喜温果菜的露地生产适宜期，生产上不用什么特殊设施，技术上比较容易掌握，但茄子开花坐果期进入高温多雨季节，对茄子生长有一定影响，容易造成落花落果。因此，露地夏秋茄子栽培的主要任务是采取综合栽培措施、控制病虫害发生，从而获得稳定高产。

一、品种选择

夏秋茬茄子生长期正值夏秋高温多雨季节，而且该茬茄子的产值主要依靠中后期产量，所以应选用植株生长势强、耐热、抗病性好的中晚熟品种。茄子的果形和颜色应适应当地的消费习惯。目前多采用优良的地方品种如北京八叶茄、安阳大红茄、伏龙茄、湘茄4号，也可采用一些表现优良的中晚熟杂交种。

二、播种育苗

（一）播种期的确定

夏秋茬茄子一般采用露地育苗，育苗时的土壤温度应不低于 15℃，因此育苗必须在晚霜以后，北方地区一般在 4 月中下旬播种，南方地球一般在 5 月上旬或 6 月上旬播种。苗龄 50～60 天，若想提早定植，可采用阳畦、改良阳畦或小拱棚育苗。

（二）苗床准备

夏播茄子苗床应选择在地势高、排水良好、土壤肥沃的地块。苗床附近 3 年内未种过茄科蔬菜或马铃薯，以防止病虫害发生。有条件的地区也可配置营养土进行育苗，具体的配置方法可参考春露地茄子。

（三）播种

将通过浸种处理后的种子均匀直播在苗床上，撒播要均匀，播后覆细土 1.5～2 厘米，浇透底水。为培育壮苗，在播后可将塑料薄膜铺于畦面上，用于提高土温，待苗出齐后撤去薄膜。该茬茄子苗期虫害较多，特别是蝼蛄等地下害虫咬食幼苗，可用麦麸和敌百虫拌合，撒于苗床上诱杀。

（四）苗期管理

播种后 5～6 天即可出苗，出苗后应再撒一层细潮土，防止幼苗徒长、细弱。待苗子长至 2 叶 1 心时，要及时间苗，将过分密集苗、病苗、弱苗和畸形苗去掉，具体的操作方法可参考第三章。秋茄子育苗，前期应控制浇水，防止地温过低造成苗子生长缓慢，但遇到高温天气，应经常浇水，保持畦面湿润。苗期如果出现缺肥现象，可用 0.3％尿素或 0.2％磷酸二氢钾溶液喷施叶面，进行补肥。5 月中下旬以后，病虫害较多，也可用 800 倍多菌灵和甲基托布津等进行防治。

三、定　　植

（一）整地施肥

夏秋茬茄子定植是在 6 月中旬到 7 月中旬，定植后不久即进入雨季，如果地块出现积水和沥涝，则会出现沤根涝害，也会加重病害。因此，一般要选择地势高燥、排水良好、土层深厚的沙壤土种植，而且一定要起垄或高畦栽培，这是这茬茄子高产的关键。起垄的垄距要和选用品种的株势及当地栽后生长期长短相适应，一般垄距 60～80 厘米，株距 30～45 厘米。

这茬茄子生育期要经历高温多雨的夏季，土壤养分易分解流失，故一般需重施基肥，才能满足植株生长发育的需要。在一般施肥水平下，以开沟集中施肥更有利于发挥肥效。每亩可施腐熟厩肥或堆肥 5 000 千克、磷酸二铵 40 千克、氯化钾 20 千克，施肥后深翻土壤。

（二）定植

夏秋茬露地栽培茄子，定植期一般在 6 月中旬或 7 月中旬。如果定植过早，则开花结果期正处于高温多雨季节，容易造成落花落果。定植过晚，植株未缓苗即进入高温期，不易发棵，对茄子生长不利，易感病。因此，应及时合理定植，使结果高峰期处于高温之后。定植密度要与选用品种的长势和当地生长期长短相适应，一般每亩定植 2 000～2 500 株。应选在下午定植，要随栽随浇，具体的定植方法参照春露地茄子栽培技术。

四、田间管理

（一）水分管理

秋茄子定植后正值高温季节，蒸发量大，应及时浇定植水，2～3 天再浇一次缓苗水。常规水分管理以见干见湿为准。在夏季多雨季节应注意排水防涝，在门茄坐住后保持土壤湿润，可每 7 天浇一次水，如遇高温干旱季节，还应适当补水。

（二）追肥

秋茬茄子虽然生长期长，枝叶繁茂，但只要施足底肥，追肥可适当减少。在定植到坐果前一般不追肥，茄子四门斗茄膨大期后，要加大追肥，每隔 10 天追一次化肥，每亩每次尿素 10 千克，以延长茄子叶龄，防止高温早衰，促进果实生长。尿素在土壤中转化为碳酸氢铵后，茄子的根系才能吸收利用，转化的速度和强度与气温有关系，夏秋施尿素应比碳酸氢铵早 2～3 天。茄子封垄后，提倡随水施氮技术，既可使氮肥渗到耕层中下部，便于碳酸氢按被根系吸收，又避免了氮素的挥发淋失。

（三）植株调整

整枝打杈技术与春茄子相同，但是要注意夏季高温，植株生长较快，在结果盛期应不断摘除下部老叶以及上部过多的小侧枝，使果实见光，以提高其着色度，提高品质。

（四）保花保果

夏秋茄子生长前期因高温不利于开花授粉，需用植物生长调节剂处理花朵，防止落花，提高坐果率。

五、病虫害防治

夏秋茄子生长在高温多雨的季节，病虫害发生严重，特别是茄子绵疫病和黄萎病。定植后应每隔 7～8 天用 25％阿米西达悬浮剂 1 500 倍液或达可宁 600 倍液、77％可杀得可湿性粉剂 500 倍液预防，各种药剂交替使用，才能达到最佳的防治效果。

六、采　　收

秋茄子一般播后 50 天左右开始收获。门茄要早采收，以防赘秧。当进入生长盛期，一般应在品种所特有的长度和最大限度时采摘，这样既可保证商品质量又可提高产量，且上市销售价好。当地早霜临近时，茄子生长缓慢，采摘期应比生殖生长旺期延缓 1～2 天采收。如遇雨季可提早采摘，以防雨后烂果。

第七章

茄子病虫害防治

第一节　茄子病虫害综合防治技术

随着人民生活水平的提高，蔬菜农药残留问题也备受关注。茄子病虫害较多，在生产上多采用农药进行防治，如何尽量少采用或不使用人工合成农药，也成为目前许多研究者以及农民所关注的重点。在生产上推广生物防治、物理防治以及农业防治等重要措施可有效地解决农药残留所带来的问题，本节就目前最常用的一些病虫害综合防治技术进行简单介绍。

一、农业防治

（一）种子消毒

种子温汤浸种消毒是有效防治茄子病害的主要措施，其可以有效杀死种子表面的病菌，也能杀死种子内部潜藏的病菌。温汤浸种是利用种子与病菌之间耐热的差距，有效杀死病菌，又不损伤种子生命力。

（二）选择抗病性品种

选择抗病性品种是最有效防治病害发生的措施，目前市场上推广的茄子品种都至少耐 3 种以上病害。

（三）培育无毒壮苗

育苗室与育苗器具应定期用 40％高锰酸钾 1 000 倍液喷淋或浸泡消毒，以防棚室内病菌发生。棚室播种、育苗应进行科学肥、水、温、光和通风管理。严格实行分级管理，去歪留正，去杂留纯，去弱留强，适时炼苗，培育茎节粗短、根系发达、无病虫害的壮苗。

（四）科学施肥

在增施有机肥的基础上，按茄子不同生长期对氮、磷、钾需求的适宜比例施用化肥，防止超量偏施氮素化肥，严格氮肥施用安全间隔期，要施足底肥，勤施追肥，结合喷施叶面肥，杜绝使用未腐熟的有机肥。氮肥施用过多会加重病虫害发生，如绵疫病、烟青虫等为害加重，合理增施磷肥可减轻蔬菜立枯病发生，施用未腐熟的有机肥，可招致蛴螬、种蝇等地下害虫危害加重，并引发根、茎基部病害。

二、物理防治

（一）设施防护

覆盖塑料薄膜、遮阳网、防虫网进行避雨、遮阴、防虫隔离栽培，减轻病虫害发生，在夏秋季节，利用大棚闲置期，采用覆盖塑料棚膜密闭大棚，先晴日高温闷棚5～7天，使棚内最高温达70℃以上，土温达到60℃以上，可有效杀死土壤表层的病原菌和害虫。

（二）诱杀技术

1. 色板色膜趋避诱杀 利用害虫对特殊光谱的反应原理和光色生态规律，用色板、色膜驱避或诱杀害虫，在田间铺设或悬挂银灰色膜可驱避蚜虫，用黄色捕虫板可诱杀蚜虫、白粉虱、斑潜蝇等，用蓝色捕虫板可诱杀蓟马。

2. 灯光诱杀 利用害虫的趋光性，用高压汞灯、黑光灯、频振式杀虫灯等进行诱杀，尤其在夏秋季害虫发生高峰期，对露地及设施内茄子主要害虫有良好效果。

3. 性诱剂诱杀 在害虫多发季节，每个大棚内可放3～4个水盆，盆内放水和少量洗衣粉或杀虫剂，水面上方1～2厘米处悬挂昆虫性诱剂（诱芯），可诱杀大量前来寻偶的昆虫。目前已商品化生产的有斜纹夜蛾、甜菜夜蛾、小菜蛾、小地老虎等性诱剂诱芯。

（三）隔离防治

1. 地膜覆盖栽培 地膜覆盖栽培不仅能够提高土壤保墒能力，减少灌溉次数；又能有效减少病虫害传播以及发生的机会。

2. 防虫网隔离技术 在温室大棚内所有通风处加盖防虫网，在密闭或半密闭的环境下，基本上能免除小菜蛾、菜青虫、斜纹夜蛾、棉铃虫、蚜虫、美洲斑潜蝇等多种害虫的危害。

三、生物防治

（一）利用天敌防治

利用瓢虫等捕食性天敌和赤眼蜂等寄生性天敌防治害虫，是一种经济有效的生物防治途径，多种捕食性天敌（包括瓢虫、草蛉、蜘蛛、捕食蜗等）对蚜虫、白粉虱、叶蝉等害虫起着重要的自然控制作用，寄生性天敌害虫应用于茄子害虫防治的有丽蚜小蜂和赤眼蜂等。

（二）利用生物农药防治

生物农药是指应用生物体以及代谢产物制成的用于防治作物有害生物的制剂，是生物防治的重要手段，在茄子无公害生产中病虫害的防治具有重要的地位。目前生产上多用阿维菌素防治小菜蛾、菜青虫、斑潜蝇等，利用核型多角体病毒、颗粒体病毒防治青虫、斜纹夜蛾、棉铃虫等，农用链霉素、新植霉素防治茄子软腐病、角斑病等细菌性病害。

四、化学防治

化学防治是利用化学农药防治病虫害，具有效果好、速度快、能够工业化生产等优点，但是化学农药具有污染环境、破坏生态平衡、容易产生抗性等弊端。目前化学防治只能作为上述三种防治方法的补充，而不是防治病虫害的首选。在使用化学农药时应主要以下方面。

（一）优选用药

针对茄子不同的病虫害，合理选择高效、低毒、低残留农药，可选择一些特异性农药，如除虫酯、氯氟酯（抑太保）、特氟酯（农梦特）、氟虫酯（卡死克）、丁醚脲（保路）等，这类农药并非直接"杀死"害虫，而是干扰昆虫的生长发育和新陈代谢，使害虫缓慢致死，并影响下一代繁殖，这类农药对人畜毒性很低，对天敌影响小，环境兼容性好。

（二）交替使用农药

切勿一种农药或几种农药混配连续使用，以免产生抗药性，降低防治效果。切勿重复喷药，以免发生药害。

（三）严格安全间隔期

严格按照农药施用技术规程规定的用药量、用药次数、用药方法和安全间隔期施药，施药后，未达到安全间隔期的茄子严禁采收。

（四）提高配药质量以及喷药药械

用药时应科学地添加黏合剂、叶面扩张剂等增效剂，以提高防效。并选用雾化高的药械，提高防治效果，减少用药量，选用高质量药械，杜绝滴、漏、跑药液。

第二节　茄子主要病害

一、黄 萎 病

（一）症状

幼苗发病较少，多在门茄坐果后开始发生，由下而上或从一侧向全株发展，俗称"半边疯"。植株半边下部叶片近叶柄的叶缘部及叶脉间发黄，渐渐发展为半边叶或整叶变黄；叶缘稍向上卷曲，有时病斑仅限于半边叶片，引起叶片歪曲。晴天高温，病株萎蔫，夜晚或阴雨天可恢复，病情急剧发展时，往往全叶黄萎，变褐枯死。症状由下向上逐渐发展，严重时全株叶片脱落，多数为全株发病，少数仍有部分无病健枝。病株矮小，株型不舒展，果小，长形果有时弯曲，纵切根茎部，可见到木质部维管束变色，呈黄褐色或棕褐色。

（二）发病规律

茄子黄萎病病菌以菌丝体、厚垣孢子和微菌核随病残体在土壤中或附在种子上越冬，成为第二年的初侵染源。病菌通过风、雨、流水、人畜、农具传播发病，带病种子可将病害远距离传播。土壤中的病菌，从根部伤口侵入，并在导管内大量繁殖，随体液传到全株，病菌产生毒素，破坏茄子的代谢作用，从而导致植株死亡。病菌生长的最适温度为 19～24℃，高于 30℃菌丝停止生长。一般气温低、定植时根部造成的伤口愈合慢，利于病菌侵入，茄子定植至开花期，平均气温低于 18℃的天数多、雨量大、浇凉井水，发病重；地势低洼、施用未腐熟的有机肥、底肥不足、定植过早、覆土过深、起苗时伤根多、过于稀植、土壤易龟裂、连作地块，发病均较重。

（三）防治措施

1. 种子消毒处理 选用抗病或耐病品种，并在播种前对种子进行处理，以防止带菌入土壤。可在播种前用温汤浸种或用 50％多菌灵可湿性粉剂 500 倍浸泡 1～2 小时。

2. 倒茬轮作 由于黄萎病存活时间长，主要是土传病害，因此必须进行轮作倒茬，可与豆科、葱蒜类蔬菜作物轮作 3～4 年，也可与粮食作物尤其是水稻轮作效果，尤为理想。

3. 田间管理 茄子定植要选择在晴天高温时进行，并覆盖地膜，以提高地温。缓苗后要合理灌溉，增施腐熟有机肥，及早中耕培土，可有效减少黄萎病发生。在田间发现病株要及时拔除，并撒石灰或多菌灵消毒。

4. 药剂防治 定植期每亩用 50％多菌灵可湿性粉剂 3～4 千克，加入 100 千克土拌匀，撒在定植沟内或喷洒地面，深耙入土中 15 厘米处。定植后用 50％多菌灵可湿性粉剂 500 倍液或 50％甲基托布津可湿性粉剂 400 倍液灌根，每 7～10 天灌一次，连续灌 3 次，对防止黄萎病发生有较佳的效果；发病初期可用 50％混杀硫悬浮剂 500 倍液或 50％甲基托布津可湿性粉剂 500 倍液、50％多菌灵可湿性粉剂 500 倍液，灌根处理，每 10 天灌一次，连续灌 2～3 次。

二、青 枯 病

（一）症状

茄子青枯病属于局部侵染全株发病的病害。发病初期个别枝条的叶片或一张叶片的局部呈现萎垂，后逐渐扩展到整株枝条上，外观呈萎蔫状，尤为明显，初期夜间能恢复，但随着病害加深，不再恢复，最终枯死。将茎部皮层剥开木质部呈褐色。这种变色从根颈部起一直可以延伸到上面枝条的木质部。枝条里面的髓部大多腐烂空心。用手挤压病茎的横切面，有乳白色的黏液渗出。

（二）发病规律

茄子青枯病细菌病害。病原细菌主要随病株残体遗留在土中越冬，通过雨水或灌溉水传播，从根部或茎基部的伤口浸入。病原菌在 10～40℃均可生长，最适温度 30～35℃，特别是久雨或大雨后突然转晴，温度升高发病最重。

（三）防治措施

1. 选用抗病品种 选用抗病品种是目前减轻和抑制青枯病的最有效办法。在选择具体品种时可根据市场需求、栽培方式等因地制宜地选择优良品种。

2. 田间管理 选择种植地块时，最好前茬作物为水稻、葱蒜类等作物，并及时清洁田块，防止病株残留在田地里；深沟高畦栽培、地膜覆盖栽培、运用滴灌等新型栽培模式，能有效预防病害发生。有条件地区可利用夏季高温空闲时间，深翻土壤，灌水焖棚杀菌。

3. 药剂防治 在发病初期要及时喷药防治，药剂选用72％农用硫酸链霉素3 000～4 000倍液或50％代森锌1 000倍液、20％噻菌铜悬浮剂600倍液，灌根，每株灌药200～300毫升，每7～10天灌一次，连续灌2～3次。

三、褐 纹 病

（一）症状

褐纹病是茄子独有的病害，茄子生产中常见，在全国各地普遍发生，危害极大。幼苗受害，多在茎基部出现近菱形的水渍状斑，后变成黑褐色凹陷斑，环绕茎部扩展，导致幼苗猝倒。稍大的苗，则呈立枯，病部上密生小黑粒，成株受害，叶片出现圆形至不规则斑，斑面轮生小黑粒，主茎或分枝受害，出现不规则灰褐色至灰白色病斑，斑面密生小黑粒；严重的茎枝，皮层脱落，枝条或全株枯死；茄果受害，长形茄果多在中腰部或近顶部开始发病，病斑椭圆形至不规则形大斑，斑中部下陷，边缘隆起，病部明显轮纹，其上密生小黑粒，病果易落地变软腐，挂留枝上，易失水，干腐成僵果。

（二）发病规律

褐纹病主要是由褐纹拟点病菌引起的真菌性病害，其病菌主要以菌丝体或分子孢子器在土壤中、病残体或粘附在种子表面越冬。通常可存活2年以上，并成为翌年发病的初侵染源。病菌的成熟分生孢子器在潮湿条件下可产生大量分生孢子，分生孢子萌发后可直接穿透寄主表皮侵入，也能通过伤口侵染。病苗及茎基溃疡上产生的分生孢子为当年再侵的主要菌源，然后经反复多次的再侵染，造成叶片、茎秆上部以及果实大量发病。分生孢子在田间主要通过风雨、昆虫以及人工操作传播。病菌可在12天内入侵寄主，其潜育期在幼苗期为3～5天，成株期为7天。病菌生长的最适温度为28～30℃，高温高湿、多雨、日照少、栽植过密、株多叶茂、排水不良、施用氮肥过多或养分不足、植株生育不良，均发病较重。相对湿度大于 80％的持续时间比较长或连续阴雨，发病较为严重。

（三）防治措施

1. 轮作倒茬　苗床需要每年更换新土，实行 3 年以上轮作。选用背风向阳、阳光充足、排水良好地块，忌在低湿田种植，秋深耕，冬春冻垡晒土。

2. 选用抗病品种　一般长茄比圆茄抗病，青茄、白茄比紫茄抗病。播种前要进行温汤浸种消毒处理。

3. 田间管理　选用排灌方便的田块，开好排水沟，降低地下水位，达到雨停无积水；大雨过后及时清理沟系，防止湿气滞留，降低田间湿度，这是防病的重要措施；土壤病菌多或地下害虫严重的田块，在播种前撒施或沟施灭菌杀虫药土。适时早播、早移栽、早间苗、早培土、早施肥，及时中耕培土，培育壮苗。

4. 药剂防治　苗期定植后，在茎基部周围地面上撒草木灰或熟石灰，减轻茎基部侵染。在发病初期采用 64％杀毒矾可湿性粉剂 600 倍液或 70％代森锌可湿性粉剂 400～500 倍液、50％克菌丹可湿性粉剂 500 倍液，喷雾，每隔 5～7 天喷一次。进入结果期发病，可采用 75％百菌清可湿性粉剂 600 倍液或 70％代森锌可湿性粉剂 400～500 倍液、65％福美锌可湿性粉剂 500 倍液防治。

四、绵疫病

（一）症状

茄子绵疫病又称烂茄子，在各菜区普遍发生，露地茄子、保护地茄子均可发病。初夏多雨、梅雨多雨或秋季多雨、多雾的年份发病重。发病严重时常造成果实大量腐烂，造成毁灭性损失。绵疫病主要危害果实，也可侵染茎和叶，但危害较轻，一般近地面果实发病最为严重。在果实上初生水浸状圆形或近圆形、黄褐色至暗褐色稍凹陷病斑，边缘不明显，扩大后可蔓延至整个果面，内部褐色腐烂。潮湿时斑面产生白色棉絮状霉。病果落地或残留在枝上，失水变干后形成僵果。叶片病斑圆形，水渍状，有明显轮纹，潮湿时边缘不明显，斑面产生稀疏的白霉（孢子囊及孢囊梗），干燥时病斑边缘明显，不产生白霉。花湿腐并向嫩茎蔓延，病斑褐色凹陷，其上部枝叶萎蔫下垂，潮湿时花茎等病部产生白色绵状物（病菌菌丝体及孢子囊）。

（二）发病规律

绵疫病是由疫霉菌引起的真菌性病害，病菌主要以卵孢子形态在土壤中或病株残体上越冬，第二年靠雨水或灌溉水侵染植株靠近地面的茎叶和根部，或由于雨水反溅到近地面的果实上，引发病害。在条件适宜时，孢子囊24小时即可完成萌发、侵入，并表现出水渍状褐色斑点，2～3天即可长出白色绵毛状霉层。病菌生长的适宜温度25～30℃，相对湿度85%以上，特别是雨季来得早、降雨量过大、主枝表面结露等，发病迅速而严重。此外，植株密度过大、通风透光性差等都会发病。

（三）防治措施

1. 选用抗病品种　选用抗病品种可提高抗病能力，一般圆茄品种比长茄更抗病，留种要选用对茄以上的果实留种，减少病菌的侵害，防止种子带菌。

2. 精心选地　应选择三年内未种植茄果类蔬菜、排灌方便、地势较高的地块种植，秋冬季闲棚时应深翻土壤，施足优质充分腐熟的有机肥料，采用深沟高畦栽培。

3. 田间管理　培育生长健壮的茄苗，提高植株抗病力；生长期及时中耕、整枝，摘除病叶、病果，清洁田园，以利通风透光，降低植株间的湿度；天气炎热要勤浇清水；降低田间湿度，尤其是雨后骤晴要顺沟浇清水，边浇边排。

4. 药剂防治　定植缓苗后用70%代森锌可湿性粉剂500倍液喷洒防治，在雨季特别要注意防病，每5～7天喷药一次。发病初期要及时拔除病株带出棚外烧毁，并用 75％百菌灵可湿性粉剂 600 倍液或 64％杀毒矾可湿性粉剂 500 倍液、72％锰锌·霜脲可湿性粉剂 600 倍液喷洒，每 7～10 天一次，连喷 3～4 次。

五、白 粉 病

（一）症状

白粉病是保护地茄子经常发生的病害，特别是中后期。病害主要危害叶片，其次是叶柄和茎。发病初期在叶面出现不定型褪绿小黄斑，叶背出现不规则小霉斑，其后向四周扩展成连片的白粉。随着病情加重，整个叶片布满白粉，随着叶片逐渐变黄，干枯脱落。

（二）发病规律

茄子白粉病是由子囊菌侵染引起的真菌性病害，病菌主要以分生孢子依靠气流在植株间辗转传播，特别在温室中可周年发生，无明显越冬现象。白粉病在 10～25℃均可发生，特别是高温高湿、植株过密的环境下发病明显。

（三）防治方法

选用抗病品种，注意切断病原菌侵染源，最好避免在黄瓜地连作。在发病初期可用 10％本醚甲环唑水分散粒剂 1 600 倍水溶液或 15％粉锈宁可湿性粉剂、粉锈宁乳油 2 000～3 000 倍液，喷雾。

六、猝 倒 病

（一）症状

幼苗出土后染病，初期在幼茎基部呈暗绿色水浸状病斑，很快发展绕茎一周，病部组织腐烂凹陷，幼苗尚未枯萎时幼苗就倒伏，呈猝倒状，然后萎蔫失水，严重时秧苗成片猝倒死亡。病情指数高的苗床，常常在幼苗出土前就已侵染感病，引起烂种、烂芽等。在高湿时，寄主残体表面以及周围土会长出一层白色棉絮状菌丝体。

（二）发病规律

猝倒病是由霉菌侵染引起的真菌性病害。病原菌在植株残体或腐殖质上腐生生活，该病菌的腐生性强，能在土中存活 2～3年，依靠土壤中的水分流动蔓延，并通过带病种子长距离传播。幼苗在低温、高湿、光照不足、苗子长势弱时均易发病，最适宜的发病温度为 15～16℃。春季育苗时，如遇阴雨或大雪天气和通风差、保温不良，尤其是浇水过多、苗床漏雨或塑料薄膜往下滴水等低温高湿情况下，最容易生病。苗床管理不善、播种过密、浇水过多、排水不良、揭膜或放风不当，也会诱发病害。

（三）防治措施

防治该病主要采取加强苗床管理为主、药剂防治为辅的策略。苗床应选择地势高燥、排水良好、背风向阳、土质肥沃、土壤结构好的无病田块，用多年未种过茄果类等蔬菜的园土或风化河泥作床土，并用 8～10 克 50％福美双与细土混配成药土，均匀撒在苗床上，种子播下后，将剩余的药土均匀地撒在种子上面，作盖土，使种子夹在药土中间，防病效果较佳。发现病株要及时拔除，撒上干细土或草木灰防治病情扩散。幼苗发病初期可用 64％杀毒矾可湿性粉剂 500 倍液或 50％多菌灵可湿性粉剂500 倍液、50％代森锌 600 倍液、75％百菌灵可湿性粉剂 600 倍液，喷雾防治，每隔 7～10 天防治一次，防治 2～3 次。

七、立 枯 病

（一）症状

茄子立枯病主要危害幼苗，在幼苗出土到定植均可发生，但多发生在育苗中后期，严重时可导致成片死亡，造成严重经济损失。幼苗发病初期茎基部出现椭圆形或不规则病斑，后变褐凹陷。病斑横向扩展绕茎扩展后，病部出现缢缩干枯死亡。发病初期病苗白天出现萎蔫，晚上能够恢复正常，随着病情的发展，萎萎茎不再恢复，并继续失水枯萎死亡。潮湿时，病株基部和附近将出现淡褐色霉状物丝状体。

（二）发病规律

立枯病病原菌以菌丝体或菌核在土壤中越冬或耐过不良的环境条件。该病菌腐生性强，只要条件适宜，即可直接侵染幼苗致病。能在土壤中存活 2～3 年。病菌靠雨水灌溉、堆肥或土壤中水分的流动等传播。该菌菌丝生长的温度范围为 6～35℃，适温为 24～30℃，低于 6℃或高于 35℃，病菌生长受到抑制。在春季育苗时，如遇到阴雨和通风差，尤其是浇水过多、苗床漏雨或塑料薄膜往下滴水等高温高湿条件，幼苗徒长、苗弱时，最容易生病和蔓延。

八、茄子菌核病

（一）症状

菌核病苗期发病始于茎基部，病部初期呈浅褐色水浸状，湿度大时长出白色棉絮状菌丝，呈软腐状，无臭味，干燥后呈灰白色，菌丝集结为菌核，病部缢缩，茄苗枯死。成株期各部位均可发病，先从主茎基部或侧枝 5～20 厘米处开始，初期呈淡褐色水浸状病斑，稍凹陷，渐变灰白色，湿度大时也长出白色絮状菌丝，皮层霉烂，在病茎表面及髓部形成黑色菌核，干燥后髓空，病部表皮易破裂，纤维呈麻状外露，致植株枯死。叶片受害也先呈水浸状，后变为褐色圆斑，有时具轮纹，病部长出白色菌丝，干燥后斑面易破。花蕾及花受害，表现为水浸状湿腐，最终脱落。果柄受害致果实脱落。果实受害端部或向阳面开始表现为水浸状斑，后变褐腐，稍凹陷，斑面长出白色菌丝体，后形成菌核。

（二）发病规律

主要以菌核在田间或温室大棚土壤中越冬。翌春茄子定植后菌核萌发，抽出子囊盘即散发子囊孢子，随气流传到寄主上，由伤口或自然孔口侵入。在棚内病株与健株、病枝与健枝接触，或病花、病果软腐后落在健部，均可引致发病，成为再侵染的一个途径。该菌孢子萌发以 16～20℃，相对湿度 95%～100% 为适宜。棚内低温、高湿条件下发病重，早春有 3 天以上连阴雨或低温侵袭，病情加重。

（三）防治措施

1. 覆盖地膜 覆盖地膜可阻止病菌子囊盘出土，减少菌源。注意通风以降低棚内湿度，寒流侵袭时要注意加温防寒，以防植株受冻、诱发染病。发现病株及时拔除，带到棚外销毁。

2. 土壤消毒 每亩土地用 50% 多菌灵可湿性粉剂 4～5 千克，与干土适量充分混匀，撒于畦面，然后耙入土中，可减少初侵染源。

3. 药剂防治 发病初期用 25% 咪鲜胺乳油 1 000～1 500 倍液或 35% 菌核光悬浮剂 700 倍液、50% 菜菌克（腐霉利·多菌灵）可湿性粉剂 1 000 倍液、50% 腐霉利可湿性粉剂 1 500 倍液、25% 菌威 1 500～2 000 倍液、50% 异菌脲可湿性粉剂 1 000 倍液、60% 多菌灵盐酸盐（防霉宝）可溶性粉剂 600 倍液、50% 乙烯菌核利可湿性粉剂 1 000 倍液、70% 甲基硫菌灵可湿性粉剂 800 倍液，于盛花期喷雾，每亩喷对好的药液 60 升，每 8～9 天一次，连续防治 3～4 次，病情严重时除正常喷雾外，还可把上述杀菌剂对成 50 倍液，涂抹茎蔓病部，不仅控制扩展，还有治疗作用。使用腐霉利药剂时，应在采收前 5 天停止用药。

九、茄子病毒病

（一）症状

茄子病毒病近年来发生较重，以保护地最为常见。其症状类型复杂，常见的有花叶坏死型、花叶斑驳型等。上部新叶呈黄绿相间的斑驳，发病重时叶片皱缩，叶面有疮斑。叶面有时有紫褐色坏死斑，叶背表现更明显。病株结果性能差，多呈畸形果。

（二）发病规律

病原为病毒，包括烟草花叶病毒（TMV）、黄瓜花叶病毒（CMV）、蚕豆萎蔫病毒（BBWV）、马铃薯 X 病毒（PVX）等，单独或复合侵染。病毒主要依靠接触摩擦（TMV）传毒和靠蚜虫传毒（CMV）。高温干旱天气、蚜虫发生量大、管理粗放、田间杂草丛生时，较多发病。

（三）防治措施

1. 种子消毒 建立无病留种田，选用不带病毒的种子。播种前进行种子消毒，可用10％磷酸三钠溶液浸种20分钟，然后用清水洗净后再播种，或进行温汤浸种后播种。

2. 防治蚜虫 在温室、大棚内或露地畦间悬挂或铺银灰色塑料薄膜或尼龙纱网，可有效驱避菜蚜，必要时喷药杀蚜，减少传毒媒介。

3. 药剂防治 病毒病目前尚无理想的治疗药剂。可用250％多菌灵可湿性粉剂500倍液或0.5％抗毒剂1号水剂300倍液、20％病毒净500倍液、20％病毒克星500倍液、5％菌毒清水剂500液、20％病毒宁500倍液、抗病毒可湿性粉剂400～600倍液、1.5％的植病灵乳剂1 000倍液等药剂，喷雾，每隔5～7天喷一次，连续2～3次。

十、茄子灰霉病

（一）症状

茄子灰霉病多在保护地内发生，且有日趋严重的趋势。通常发生于成株期，花、叶片、茎枝和果实均可受害，尤其以门茄和对茄受害最重。在幼果顶部及其附近产生水浸状褐色病斑，扩大后呈暗褐色，凹陷腐烂，表面产生不规则轮纹状很厚的灰色霉层，失去食用价值。严重时叶片也能发病，多在叶缘处先形成水浸状浅褐色病斑，扩展后呈圆形或椭圆形，褐色并带有浅褐色轮纹的大型病斑，湿度大时病斑上密布灰色霉层。发病后期，如果条件适宜，病斑连片，致使整个叶片干枯。

（二）发病规律

茄子灰霉病是由灰葡萄孢菌引起的真菌性病害。病菌以菌核、菌丝体或分生孢子梗在土壤中的病残体上越冬。翌年条件适宜时产生分生孢子，分生孢子通过气流、雨水及农事操作传播，从寄主伤口或衰老器官侵入致病。侵入花瓣后引起果实发病；感病的花瓣脱落到叶片或茎上引起茎、叶发病。病果采摘后，随意扔弃，或摘下的病枝病叶未及时带出温室、大棚，最易使孢子飞散传播病害。病菌喜温暖、高湿环境，发病最适气候条件为温度20～28℃，相对湿度95％以上。湿度大、结露持续时间长，非常适合灰霉病发生，所以春季如遇连续阴雨天气、气温偏低、温室大棚放风不及时、湿度大，灰霉病便容易流行。

（三）防治措施

1. 农业措施　多施充分腐熟的优质有机肥，增施磷、钾肥，以提高植株抗病能力。采用高畦栽培，覆盖地膜，以降低温室大棚及大田湿度，阻挡土壤中病菌向地上部传播。注意清洁田园，及时摘除枯黄叶、病叶、病花和病果，当灰霉病零星发生时，立即摘除病果、病叶，带出田外或温室大棚外，集中做深埋处理。

2. 药剂防治　花期用药可结合使用防落素等激素蘸花保果操作，在配制好的防落素、2，4 - D等激素溶液中，按0.1％的比例加入50％速克灵可湿性粉剂或50％扑海因可湿性粉剂、50％多菌灵可湿性粉剂。

十一、茄子枯萎病

（一）症状

茄子枯萎病主要危害根茎部。苗期和成株期均可发生。苗期染病，开始子叶发黄，后逐渐萎垂干枯，茎基部变褐腐烂，易造成猝倒状枯死。成株期根茎染病，开始时，植株叶片中午呈萎蔫下垂，早晚又恢复正常，叶色变淡，似缺水状，反复数天后，逐渐遍及整株，叶片萎蔫下垂，叶片不再复原，引起萎蔫，最后全株枯死。横剖病茎，病部维管束变褐色。有时同一植株仅半边变黄，另一半健全如常。注意此病危害症状与茄子黄萎病相似，易混淆，需镜检确定。

（二）发病规律

病菌以菌丝、厚垣孢子、菌核随病株残余组织遗留在田间、未腐熟的有机肥中，或附着在种子、棚架上越冬，成为翌年初侵染源。病菌通过雨水、灌溉水和农田操作等传播，进行再侵染。病菌借助雨水、灌溉水传播，由根部的伤口或幼根侵入，定居在维管束内。温度 25～28℃、土壤湿润利于发病。根部伤口多、植株生长衰弱时发病较重。

（三）防治措施

1. 种子及苗床消毒　播前用 55℃温水浸种 15 分钟，进行床土消毒。

2. 农业措施　与非茄科蔬菜实行 3 年以上轮作。用赤茄、托鲁巴姆等作砧木进行嫁接育苗。适时、精细定植，适量控制浇水，加强中耕，促进根部伤口愈合。

3. 避免根系出现伤口　防治地下害虫，避免根系出现伤口。

4. 药剂防治　发病初期可用 50％多菌灵可湿性粉剂 500 倍液或 50％苯菌灵可湿性粉剂 1 000 倍液、20％甲基立枯磷乳油 1 000倍液、5％菌毒清水剂 400 倍液、15％恶霉灵水剂 1 000 倍液灌根，每株 200 毫升。

十二、茄子软腐病

（一）症状

病菌主要为害果实，病果初期产生水浸状病斑，而后果肉腐烂，有恶臭味，失水后干缩，挂在枝杈上。

（二）发病规律

该病属细菌性病害，病菌随病残体在土壤中越冬，随雨水、灌溉水在田间传播，成为翌年田间发病的初侵染源。此后，病菌通过蛀果害虫继续传播，由果实伤口侵入，导致病害流行。管理粗放、蛀果害虫猖獗的地块发病重。低洼潮湿的地块、阴雨连绵的天气，均能加重病害。

（三）防治措施

1. 农业防治 加强田间管理，培育壮苗，适时定植，合理密植。雨季及时排水，尤其下水头不要积水。及时清洁田园，尤其要把病果清除带出田外烧毁或深埋。

2. 药剂防治 雨前雨后及时喷洒72%农用硫酸链霉素可溶性粉剂 4 000 倍液或新植霉素 4 000 倍液、50%琥胶肥酸铜可湿性粉剂 500 倍液、77%可杀得可湿性微粒粉剂 500 倍液、47%加瑞农可湿性粉剂 800～1 000 倍液、30%碱式硫酸铜（绿得保）悬浮剂 400 倍液。采收前 3 天停止用药。

十三、茄子炭疽病

（一）症状

茄子炭疽病各地均有发生，一般发生不重，仅零星果实受害造成一定损失。主要为害果实，以近成熟和成熟果实发病为多。果实发病，初时在果实表面产生近圆形、椭圆形或不规则形、黑褐色、稍凹陷的病斑。病斑不断扩大或病斑汇合，可形成大型病斑，有时扩及半个果实。后期病部表面密生黑色小点，潮湿时溢出锗红色黏质物。病部皮下的果肉呈褐色，干腐状，严重时可导致整个果实腐烂。

（二）发病规律

病菌以菌丝体和分生孢子盘随病残体在土壤中越冬，也可以分生孢子附着在种子表面越冬。翌年由越冬分生孢子盘产生分生孢子，借雨水溅射传播至植株下部果实上引起发病，带菌种子萌发时可侵染幼苗使之发病。果实发病后，病部产生大量分生孢子，借风、雨、昆虫传播或摘果时人为传播，进行反复再侵染。

温暖高湿环境下易于发病，病害多在 7～8 月发生和流行。植株郁闭、采摘不及时、地势低洼、雨后地面积水、氮肥过多时发病重。

（三）防治措施

1. 农业防治　使用无病种子，一般种子应用 55℃温水浸种 15 分钟或 52℃温水浸种 30 分钟，也可用 50％多菌灵可湿性粉剂 500 倍液浸种 1 小时，冲洗后催芽。发病地与非茄科蔬菜进行 2～3 年轮作。培育壮苗，适时定植，避免植株定植过密。合理施肥，避免偏施氮肥，增施磷、钾肥。适时适量灌水，雨后及时排水。

2. 药剂防治　发病初期可用 50％多菌灵可湿性粉剂 500 倍液或 40％灭病威悬浮剂 500 倍液、70％甲基托布津可湿性粉剂 600～800 倍液、80％炭疽福美可湿性粉剂 800 倍液等药剂喷雾防治。

十四、根结线虫

（一）症状

根结线虫病为世界性病害。在北方沙土地比南方黏土地发病严重，在同一地区也有部分地块发病严重的现像。一般发病地块可减产 20％左右，发病严重的地块减产达 50％以上。该病主要危害根部。以侧根和支根最易受害。侧根受害后布满根瘤，形似天冬根或近球形瘤状物，地上部表现萎缩或黄化，天气干燥易萎蔫或枯萎。病株生长衰弱、矮小、黄花，状似水分不足引起的不结实或结实不良。早晚气温较低或浇水充足，暂时萎蔫的植株可恢复正常，随着病情发展，萎蔫不能恢复，直到植株枯死。把瘤状物剖开，可见组织中有乳白色细小梨状雌虫。

（二）发病规律

田间发病的初始虫源主要是病土或病苗，南方根结线虫生存最适温度为 25～30℃，高于 40℃、低于 5℃都很少活动，55℃

经 10 分钟致死。田间土壤温度是影响孵化和繁殖的重要条件。土壤温度适合蔬菜生长，也适于根结线虫活动，雨季有利于孵化和侵染，但在干燥或过湿土壤中，其活动爱到抑制。

（三）防治

1. 农业防治　尽可能实行水旱轮作，重病地与抗线虫蔬菜石刁柏或耐线虫蔬菜葱蒜类等轮作，也可与非寄主禾本科作物轮作，以减轻危害，选用抗根结线虫品种也是有效防止病害发生的措施。

2. 物理防治　有条件的地区可采用蒸气消毒或棚室高温消毒（覆盖地膜和密闭大棚等），使 20 厘米土层温度达 60℃，保持 30 分钟，即可起到灭虫的效果。也可用氰氨化钙、太阳能消毒土壤。

3. 药剂防治　对苗床、棚室和露地菜田用杀线虫剂处理土壤，因地制宜采用撒施、穴施或沟施，可收到较好的防效。可用 98％棉隆微粒剂 75～90 千克/公顷或 20％丙线磷颗粒剂 60～90 千克/公顷、10 克线磷颗粒剂 60～75 千克/公顷，施药时要严格按照说明书指示的操作规程进行，以防药害。

第三节　茄子主要虫害

一、白 粉 虱

（一）形态特征

成虫体长约 4.9～1.4 毫米，淡黄白色或白色，雌雄均有翅，全身披有白色蜡粉，雌虫个体大于雄虫，其产卵器为针状，其幼虫椭圆形，扁平，淡黄色或淡绿色，体背有长短不齐的蜡丝突起。

（二）危害特点

锉吸式口器，成虫和若虫吸食植物汁液，被害叶片褪绿、变黄、萎蔫，甚至全株枯死。此外，由于其繁殖力强，繁殖速度快，种群数量庞大，群聚为害，并分泌大量蜜液，严重污染叶片和果实，往往引起煤污病大发生，使茄子失去商品价值。植株上部嫩叶以成虫和黄色卵最多，下部叶片幼虫较多，最下部叶片以虫蛹为多，虫态分布较有规律。成虫在25～30℃下活动能力强，幼虫抗寒力差，是喜温虫害。

（三）防治措施

1. 农业防治 彻底根除虫源基地，培育"无虫苗"，不在白粉虱发生地购买茄苗。田间发病要及时摘除带虫老叶，并带出棚外销毁。

2. 物理防治 利用成虫对黄色有较强的趋性，可用黄色板诱捕成虫，并涂以黏虫胶杀死成虫。该方法只能杀成虫不能杀卵，易复发。

3. 生物防治 保护地内茄子每株成虫在0.5头以下时，隔2周释放一次人工繁殖的丽蚜小蜂，连放3次，可有效控制白粉虱危害。

4. 药剂防治 可用25％扑虱灵可湿性粉剂2 500倍液或2.5％溴氰菊酯乳油2 000～3 000倍液、40％菊杀乳油2 500倍液等防治，重点喷植株中上部叶背上。

二、美洲斑潜蝇

（一）形态特征

成虫是2.0～2.5毫米的蝇子，背黑色。幼虫是无头蛆，乳白至鹅黄色，长3～4毫米，粗1.0～1.5毫米。蛹橙黄色至金黄色，长2.5～3.5毫米。

（二）危害特点

幼虫以蛀食叶片上下表皮间的叶肉细胞为主，造成曲曲弯弯的隧道，隧道相互交叉，逐渐连成一片，导致叶片光合能力锐减，过早脱落或枯死。成虫取食和产卵孔也造成一定危害，影响光合作用和营养物质的疏导，同时传播病毒。

(三) 防治措施

1. 农业防治 早春和秋季蔬菜种植前，彻底清除菜田内外杂草、残株、败叶，并集中烧毁，减少虫源。种植前深翻菜地，活埋地面上的蛹。在害虫发生高峰时，摘除带虫叶片销毁。

2. 物理防治 根据斑潜蝇的趋黄性，在田间插立或在植株顶部悬挂黄色诱虫板，进行诱杀。

3. 药剂防治 在受害作物某叶片有幼虫 5 头时，掌握在幼虫 2 龄前（虫道很小时）喷洒 98％巴丹原粉 1 500～2 000 倍或 1.8％爱福丁乳油 3 000～4 000 倍液、1％增效 7051 生物杀虫素 2 000 倍液、48％乐斯本乳油 1 000 倍液、25％杀虫双水剂 500 倍液、98％杀虫单可溶性粉剂 800 倍液、50％蝇蛆净粉剂 2 000 倍液、0.12％天力可湿性粉剂 1 000 倍液、40％绿菜保乳油 1 000～1 500 倍液、1.5％阿巴丁乳油 3 000 倍液、5％抑太保乳油 2 000 倍液、5％卡死克乳油 2 000 倍液。

三、红 蜘 蛛

(一) 形态特征

螨体细小，卵圆形（雌）至近圆形（雄），体长约 0.3～0.5 毫米，雌大雄小，相差几乎近 1 倍。成螨足 4 对，体背有 2 个暗色圆斑，体色多变，有浓绿色、褐绿色、黑褐色、黄红色等多种，一般多呈红色或锈红色，故名红蜘蛛。初孵化幼螨近圆形、透明，长约 0.15 毫米，足 3 对。经蜕皮的幼螨称若螨，体侧出现明显的块状色素，足 4 对，体长约 0.2 毫米。

(二) 危害特点

以成虫和若虫群集叶背吸食汁液，叶面出现黄白色小点，严重时致叶片变黄焦枯，呈锈色状如火烧，叶片早衰、易脱落。保护地栽培比露地栽培受害重。

(三) 防治措施

1. 农业防治 及时清除田间残株、落叶及田边田内杂草，可压低虫口基数，减轻危害。适时适度浇水，勿使田间受旱，可减轻红蜘蛛危害。

2. 药剂防治 在红蜘蛛发生初期可选用20％双甲脒乳油1 500～2 000倍液或75％克螨特乳油1 000～1 500倍液、25％灭螨猛可湿粉1 000～1 500倍液、45％超微硫黄胶悬剂400倍液、20％复方浏阳霉素乳油1 000倍液、15％速螨酮（哒螨酮）乳油3 000倍液、20％阿波罗（四螨嗪）悬浮剂1 500～2 000倍液、5％唑螨酯（霸螨灵）悬浮剂1 500～2 000倍液、25％倍乐霸（三唑锡）可湿粉1 000倍液，交替喷施2～3次，隔7～10天一次。

四、茶 黄 螨

（一）形态特征

成螨淡黄色至橙黄色，半透明，有光泽，足4对。雌成螨长约0.21毫米，椭圆形，腹部末端平截，足较短，第4对足纤细，其跗节末端有端毛和亚端毛；雄成螨体长约0.19毫米，圆锥形，足较长而粗壮，第4对足胫、跗节细长，向内侧弯曲，爪退化成钮扣状。卵长约0.1毫米，椭圆形，无色透明，表面有5～6行纵向排列的白色瘤状突起。幼螨椭圆形，淡绿色，体背有1条白色纵带，3对足。

（二）危害特点

茶黄螨以成螨和幼螨刺吸茄子的嫩叶、嫩茎、花蕾、幼果等幼嫩部位。嫩叶受害后变小，叶片增厚僵直，背面呈灰褐或黄褐色，具油质光泽或油渍状，叶片边缘向背面卷曲，嫩茎表面变褐色，严重的扭曲畸形，顶部干枯受害的花蕾不能开花，或开畸形花；果实受害主要发生在雌花脱落后的幼果顶部、果柄、萼片，果皮呈灰白色或黄褐色，果面粗糙，失去光泽，木栓化。严重的果皮龟裂，种子外露，叶呈开花馒头状，味苦而涩，失去食用价值。

（三）防治措施

1. 农业防治　铲除田间、地边杂草，茄子收获后及时清理枯枝落叶，集中烧毁，同时深翻耕地，消灭虫源，压低越冬螨虫口基数。

2. 天敌防治　避免使用高效、剧毒等对天敌杀伤力大的农药，以保护天敌，维护生态平衡，可用人工繁殖的植绥螨向田间释放，可有效控制茶黄螨危害。

3. 化学防治　茶黄螨发生的点片阶段，是药剂防治的关键时期。防治药剂可使用 73％克螨特乳油 1 000 倍液或 5％卡死克乳油 1 200 倍液、5％尼索朗乳油 2 000 倍液、20％三唑锡 2 000～2 500 倍液、1.0％齐螨素乳油 1 000 倍液，不仅对茶黄螨有强烈的触杀作用，而且能抑制卵孵化。也可用波美 0.1～0.3 度的石硫合剂喷洒。喷药的重点部位是植株的嫩叶背面、嫩茎、花器、生长点及幼果等部位。由于茶黄螨极易产生抗药性，应注意轮换交替用药。

五、蝼　　蛄

（一）形态特征

雌成虫体长 45～66 毫米，雄虫 39～45 毫米。头小，圆锥形。复眼小而突出，单眼 2 个。前胸背板椭圆形，背面隆起如盾，两侧向下伸展，几乎把前足基节包起。前足特化为粗短结构，基节特短宽，腿节略弯，片状，胫节很短，三角形，具强端刺，便于开掘。

（二）危害特征

成虫和若虫都在土中咬食种子、幼芽或根茎，被咬的部分呈乱麻状，幼苗倒地或凋枯死亡。苗床或田间可见到许多隆起弯曲的隧道。特别是保护地茄子，由于温度高，定植早，小苗又集中，危害尤其严重。

（三）防治方法

（1）利用其趋光性，有条件的要采用灯光诱杀。

（2）毒谷、毒饵诱杀。麦麸、豆饼、玉米、碎粒等原料 5 千克炒香，然后用 90% 敌百虫 30 倍液 0.15 千克拌匀，适量加水，拌潮为度。每亩地用 1.5～2.5 千克，可傍晚撒施地表蝼蛄集中处。

（3）毒粪诱杀。用 4% 敌马粉剂与新鲜的马粪 1∶5 混合均匀，撒于蝼蛄隧道集中处，或挖坑埋入毒粪，覆土。每亩用 5 千克。

六、蚜　　虫

（一）形态特征

蚜虫繁殖能力很强，一年能繁殖十几代，以卵的形式在越冬寄主上或以成蚜、若蚜在温室内蔬菜上越冬或继续繁殖。温暖较高和较干燥的环境易发生，蚜虫繁殖的适温为 16～20℃，北方超过 25℃、南方超过 27℃、相对湿度达到 75% 时，不利瓜蚜繁殖。

（二）危害特点

危害茄子的蚜虫主要是瓜蚜，俗称"腻虫"，蚜虫危害茄子时，以成蚜和幼蚜群集在叶片背面和嫩枝上吸取汁液，叶片被害后，细胞受到破坏，生长不平衡，叶片向背面皱缩，严重时萎蔫干枯。蚜虫还可通过刺吸式口器传播多种病毒，造成更大的危害。

（三）防治措施

1. 农业防治　菜田要合理布局，减少蚜虫在田间迁飞；有条件地区夏播少种十字花科蔬菜，清洁田园，以断绝或减少秋菜的蚜源和毒源。

2. 物理防治　苗床四周铺 17 厘米宽的银灰色薄膜，上方挂银灰薄膜条；在菜田间隔铺设银灰膜条，均可避蚜或减少有翅蚜迁入传毒。也可利用蚜虫的趋性，用黄板诱杀有翅蚜，减少田间蚜量。

3. 药剂防治 每亩用50％抗蚜威（辟蚜雾）可湿性粉剂10～18克2 000～3 000倍液喷雾，灭蚜效果好，并能保护多种天敌。也可选用50％马拉硫磷乳油、50％二嗪磷乳油、25％喹硫磷乳油、40％乐果乳油各1 000倍液，或2.5％溴氰菊酯乳油、40％菊马乳油各2 000～4 000倍液，20％速灭杀丁乳油2 000～3 000倍液或20％的灭扫利乳油3 000倍液喷雾。

七、二十八星瓢虫

（一）形态特征

成虫体长6～7毫米，半圆球形，赤褐色，因翅鞘上具有28个黑色斑点而得名。卵炮弹状，由鲜黄色转为黄褐色，集成卵块，每块20～30粒。幼虫体长7～8毫米，纺锤形，背面隆起，体节多枝刺。蛹椭圆形，淡黄白色，背面有黑色斑纹，尾端包着幼虫最后一次脱皮的尾壳。6月份在叶背产卵，每头雌虫产卵80～1 000粒，成虫、幼虫有蚕食同种卵块的习性。

（二）危害特点

以成虫和幼虫危害叶片为主，还危害果实、嫩茎、花瓣、萼片，被害植株不仅产量下降，而且食用部分变苦，危害严重时把植株叶片吃光，仅剩叶脉，造成植株枯萎死亡。

（三）防治措施

1. 物理防治 在成虫发生期间，利用其有假死性的习性，进行药水盆捕杀。中午进行效果较好。也可进行人工摘除叶片上的卵块。

2. 药剂防治 在幼虫孵化期或低龄幼虫期，抓住时机适时用药，防治效果较好。可用2.5％溴氰菊酯3 000倍液或杀灭菊酯4 000倍液、50％辛硫磷乳油1 000倍液喷雾，重点喷叶背面。

第四节　茄子生理性病害

茄子生理性病害是指生长发育过程中由于缺少某种营养元素或受不良环境条件影响、栽培不当导致生理障碍而引起的异常生长现象，在栽培过程中发生较为普遍，并能诱发侵染性病害。

一、茄子低温障碍

（一）症状

茄子遇到低温冷害，导致叶绿素较少或在近叶柄处产生黄色花斑，病株生长缓慢，叶缘与叶尖出现水浸状斑块，叶组织变为褐色，甚至萎蔫枯死。果实一般不膨大，或失水皱缩，失去光泽等。

（二）病因

茄子起源于热带亚热带地区，适宜较高温度环境下生长。如果播种过早、气温过低，又未采取相应的保温措施，极易造成冷害。在反季节栽培茄子过程中，也容易造成冷害或冻害。而且，低温还影响茄子对钙、磷、钾等营养元素的吸收，使叶片黄化加剧。

（三）防治措施

根据当地的气候特点选用耐低温的品种。适时播种，定植前加强低温炼苗、蹲苗。在生长过程中，如遇到寒流应及时加盖保温材料，加强保温。在长期低温环境下，也可用 500～1 000 毫克/千克氯化胆碱喷洒茄子叶面，保护处于低温胁迫下的细胞膜系结构和提高其防冷性物质含量。

二、2，4 - D 中毒

（一）症状

2，4 - D 属于向上传导型植物生长调节剂，处理花朵时，若浓度过大，药剂会富集在生长点，使生长点叶片变小、变皱，似病毒症状，但短时间内能得到恢复，如果长期高浓度 2，4 - D 富集，则无法恢复。

（二）病因

高温下处理花朵时，如果用正常浓度，则会造成茎叶中浓度偏高而使叶片皱缩。在点花过程中，将药剂滴到生长点或叶片上也容易造成萎蔫。

（三）防治措施

叶片发生皱缩后，应及时浇一次水，增加茎叶中的水分含量，以达到稀释 2，4-D 的目的，同时进行叶面喷水，也有利于叶片伸展。

三、茄子日灼

（一）症状

茄子日灼主要危害果实。果实向阳面出现褪色发白病变，后略扩大，白色或浅褐色，致皮层变薄、组织坏死，干后呈革质状，以后易引起腐生菌侵染，出现黑色霉层；湿度大时，常引致细菌侵染而发生果腐。

（二）病因

茄子果实暴露在阳光下，导致果实部分过热引起，早晨果实上出现大量露水珠，太阳照射后，露珠聚光吸热，可导致细胞灼伤；炎热的中午或午后，土壤水分不足、雨后骤晴，都可导致果面温度过高，引起日灼。

（三）防治措施

选用早熟或耐热品种，在高温季节用遮阳网覆盖，避开太阳光直接照射。注意适时灌溉，补充土壤水分，使植株水分循环处在正常状态，防止植株失水。

四、僵　　果

（一）症状

果实不肥大，果顶部凹陷，变成坚硬的小果，剖开僵果，内部有很多空隙，种子很少，多数僵果的果皮没有光泽。

（二）病因

保护地栽培，在茄子开花前后遇 17℃以下低温或 35℃以上高温，形成不稳定花粉，花粉管伸长不良，授粉不完全，形成的种子量很少，子房内生长素含量低，细胞伸长不良，果实不大，形成小僵果。使用激素处理花朵坐果时，如果浓度低，加之受环境条件不良影响，激素的活性不能有效发挥作用，僵果发生率就高。有时开花正常，但在发育阶段营养不足、土壤干燥、氨态氮肥施用过多、弱光照等，都易形成僵果。一般以为，短果型品种比长果型品种易形成僵果。

（三）防治措施

（1）育苗期保持适宜的温度，白天 26～30℃，最低 15℃左右，夜温 17℃左右。白天要及时通风换气，防止高温引起僵茄发生。

（2）采用配方施肥技术，少施氨态氮肥，多喷施营养调节剂。

（3）使用番茄灵进行单花处理时，浓度要根据气温而定。因棚室栽培必须用生长调节剂处理，用低浓度处理效果不好，用高浓度处理又易形成弯裂果，从总体效益分析，多产生些弯裂果比形成僵果效益要高，因此在科学管理的前提下，利用生长调节剂作为人工辅助手段保花保果，可以有效促进果实肥大。

五、茄子畸形花

（一）症状

正常的茄子花，花大色深，花柱长，开花时雌蕊的柱头突出，高于雄蕊花药之上，柱头顶端边缘部位大，呈星状花（即长柱花）。长柱花为正常花，易正常授粉、结实。畸形花小、色浅、花柱细、短，开花时雌蕊柱头被雄蕊花药覆盖，特别是花柱太短，柱头低于花药开裂孔时，花粉不易落到柱头上，难以授粉。

这种花为短柱花。短柱为畸形花，不能授粉结实，即使用激素处理勉强结实，也常形成小果或畸形果。

（二）病因

畸形花是由于花的发育和形态受环境条件和植物体营养状态影响造成的。一般单生花基本上为正常花，即长柱花；簇生花中第一个花多为长柱花，其余为短柱花。茄子花芽分化和花形成发育期，处于夜温高、光照弱的条件，碳水化合物形成的少而消耗的多，再加上氮、磷不足，花芽发育受到影响，花芽各器官发育不良，易出现短柱花，即畸形花。

（三）防治措施

（1）幼苗期为花芽分化期，要保证充足的光照，控制好温度，促进产生长柱花。温度要防止过高、过低，以白天保持22～25℃，夜间15～18℃为宜。

（2）茄子在一叶一心时早移苗，使之在花芽分化前缓苗，花芽分化充分。

（3）苗龄不要过长，适龄定植。门茄坐果进入结果期，白天保持25～30℃，上半夜18～24℃，下半夜15～18℃，土温要在20℃以上，不能低于15℃，门茄"瞪眼"时开始灌水，并给予充足光照，促进茄子开花、结果。

（4）发现畸形花应摘除，不要用激素处理勉强坐果。

六、茄子裂果

（一）症状

裂果就是果面开裂，果实各个部位均可开裂，裂口大小、深浅不一。发生最多的是果蒂下部出现开裂，轻者仅在果蒂下边出现轻微裂口，重者裂口可致整个茄果纵裂。也有的在果实底部开裂，种子外翻裸露。

（二）病因

茄子裂果产生原因很多。茄子果蒂下出现的纵裂，主要是由供水不均匀造成的。茄子生长进入高温期，白天高温、干燥，在傍晚灌水的情况下，易产生裂果。尤其是在较长时间干旱的情况下，突降暴雨或灌大水，更易产生裂果。果实底部开裂、花芽分化时温度低能造成裂果；激素处理果实不当，如浓度过高，或中午高温时使用，或反复使用也能裂果。

（三）防治措施

适时播种，做好苗床温度管理，促进花芽正常分化。适时、精细定植，做好田间肥、水管理，特别注意提高土温和土壤通透性，促进植株根系发育，提高吸水能力。均匀灌水，不要过度控水，切忌土壤过干后灌大水。使用激素处理果实时，注意浓度不能过高，不能反复使用，也不要在中午高温时使用。

第八章

茄子采收、分级和包装

第一节　茄子采收

采收是茄子生产的最后一个环节，也是贮藏加工开始的环节。茄子采收时间与其产品品质有着密切的关系。采收过早，茄子的大小和重量达不到标准，严重降低产量，而且色泽与品质也相对较差；采收过晚则果皮硬化严重，种子变老，果肉变软，品质下降，影响商品性。在生产上需要根据不同品种、生长情况以及当地气候条件与栽培模式来确定采收期，而且还需要根据市场需求、贮藏以及运输条件等，合理确定茄子采收期，才能达到最佳的产量与品质。

茄子是以嫩果为食用器官，必须在种子尚未硬化前开始采收。一般早熟品种定植后 40～50 天、中熟品种定植后 50～60 天、晚熟品种定植后 60～70 天即可采收商品果。一般在开花后20 天即可以始收，盛果期每隔 2～3 天即可采收一次，如遇到连续阴雨天气，可适时提早采收，以防湿度过高造成烂果。判断果实成熟采收标准一般根据萼片与果实的相连处，即通常所说茄盖边沿的带状环（"茄眼"），带状环宽，说明生长快，反之，说明果实生长渐慢，应及时采摘。

采收一般在清晨或傍晚进行，此时采收的茄子热量少，品质败坏较慢，能够较好保存果实品质，而且果实的光泽度最佳，新鲜柔嫩，品质佳，贮藏性能好。采收前应避免大量浇水，否则会导致组织含水量太高而不耐贮藏，且湿度过大容易发生腐败现象。

采收前，要安排和计划好采用的容器、采收的时期和采收方法。基本都以人工戴手套用剪刀采收，这样能有效保护植株以及产品的外观品质，采收后的茄子要及时放入采收袋或采收篮中，不能用柳筐或竹筐等对产品伤害较大的器皿。

第二节　茄子果实整理分级与包装

一、茄子果实的整理分级

茄子分级的目的是淘汰病、虫、伤果等不合格的果实，根据大小、形状、色泽等感官表现分级，使同一等级、同一规格、同一包装内的果实均匀一致，达到商品化标准。茄子的品种繁多，不同品种在果实的形状、大小和颜色等方面存在较大差异，即使同一品种在不同环境条件和栽培技术下也存在一定差异。但同一品种的果实，特别是同一批商品果实的形状、大小和色泽等感官性状应相对一致，因此可按感官指标分成不同的等级和规格。茄子分级时必须按照国家颁布的茄子等级和规格划分的行业标准（NY/T581—2002）规定执行。在标准中将茄子按果实的外观品质划分成 3 个等级，每个等级按果实的大小又分为 3 种规格，其中长茄和卵圆茄以果实的长度作为规格划分的依据，圆茄以果实的直径作为规格划分的依据（表1）。

表1　茄子等级规格

项　目		等　级		
		一等品	二等品	三等品
品质要求	品种	同一品种	同一品种	同一品种或相似品种
	成熟度	种子未完全行成	种子已形成，但不坚硬	种子已形成，但不坚硬
	色泽	具有本品特有的颜色	基本具有本品特有的颜色	基本具有本品特有的颜色

（续）

项　目		等级		
		一等品	二等品	三等品
品质要求	果型	具有本品种特有的形状	允许有5%的不规则果	允许有10%的不规则果
	新鲜	果实有光泽、硬实、不萎蔫	果实有光泽、硬实、不萎蔫	果实有光泽、较硬实
	整齐度（%）	≥90	≥85	≥80
	机械伤	无	伤害面积不明显	伤害面积不严重
	清洁	符合清洁要求		
	腐烂	无		
	异味	无		
	灼伤	无		
	冷害	无		
	冻害	无		
	病虫害	无		
规格（厘米）	长茄 大果	果长≥30		
	长茄 中果	20≤果长<30		
	长茄 小果	果长<20		
	圆茄 大果	横径≥15		
	圆茄 中果	11≤横径<15		
	圆茄 小果	横径≤11		
	卵圆茄 大果	果长≥18		
	卵圆茄 中果	13≤果长<18		
	卵圆茄 小果	果长<13		
		每批样品品质要求的总不合格百分率不应超过5%		每批样品品质要求的总不合格百分率不应超过10%

注：腐烂、异味、冻害和病虫害为主要缺陷。

二、茄子的包装及运输

（一）茄子的包装标准

茄子包装的目的是在采后运输、贮藏和流通过程中便于装卸和搬运，减少相互间的摩擦、挤压和碰撞而造成机械损伤，减少产品的水分蒸发，保持产品的新鲜度，提高产品的价值。因此，在包装过程中需要保证以下几个准则。

（1）包装纸箱或塑料箱要有足够的机械强度，保护茄子在装卸、运输以及贮藏过程中避免损伤。

（2）包装盒（箱）要具有一定的通透性，有利于茄子产生的呼吸热量与外界气体的交换。

（3）包装容器还应具有较好的防潮性，防治吸水变形。

此外，包装容器还应具有清洁、无污染、无异味、无有毒化学物质、外观好、重量轻、成本低等特点，包装完成后还应在包装容器上注明品名、等级、重量、产地以及生产日期等。

茄子包装时应注意在挑选、包装过程中轻拿轻放，尽量减少机械损伤。

（二）茄子的运输

随着设施栽培茄子的不断发展，南菜北运，反季节栽培供应大、中城市等都需要长距离运输。然而茄子是典型不耐贮藏的蔬菜品种，在长途运输以及贮藏过程中损耗严重，因此在茄子运输中应严格执行国家关于茄子运输的标准（NY/T 581—2002），保证茄子运输需要得适宜环境，防止果实产生机械损伤以及避免病菌的侵染。

茄子的运输工具主要有卡车、火车、轮船等。运输工具应清洁、卫生、无污染。每次使用前必须对装货空间进行清扫和熏蒸消毒。消毒后需经一段时间通风再装箱运输，以防止消毒剂残留引起污染。为防止运输过程中颠簸、撞击挤压和倾倒，还可在货箱内设置支架，以稳固装载。货厢内菜箱不要码得过高，留出适当的空间以便通风散热。运输时应做到轻拿轻放，严防机械损伤。

茄子的运输方式取决于产地与销售地的远近。当地销售或仅需要短距离运输时，可采用汽车或更为轻便的运输工具，但运输过程中要防止日晒雨淋。运输距离远、时间长可采用卡车、火车甚至轮船等运输工具，运输过程中要保持 10～15℃，相对湿度85%～95%。按国家标准规定，运输时间在 10 小时以内可用保温车，超过 10 小时要用冷藏车运输（夏季外界温度超过 30℃时，超过 8 小时就要用冷藏车），冷藏车温度控制在 12℃。通常冬季或寒冷地区运输应采用保温车或保温集装箱，夏季运输应采用冷藏车或冷藏集装箱。运输过程中应及时通风换气，排除货厢内因果实呼吸所释放的热量，也可以在货运箱内放入一些冰块降温，以防菜箱内部温度过高导致果实腐烂。

第三节　茄子采后贮藏保鲜技术

茄子果实内的一些内源激素、代谢产物等在贮藏、运输以及销售过程中仍具有生命活力，进行着新陈代谢活动。但采后的茄子不再从土壤中吸收水分和养分，基本不再进行光合作用，其主要以呼吸作用为主导的新陈代谢过程，表现为茄子成熟衰老的生理生化变化特征，从而导致果实质量和数量上的变化。而采后的这些过程都不符合人们的要求，需要采取一定的措施进行控制和调节。贮藏的目的就是为了尽量延缓果实衰老的速度，尽可能地保持原有的风味与品质。

一、茄子采收后内含物的变化

茄子采后内含物的变化主要有以下几个方面：

1. 水分　在大多情况下，水分常作为园艺产品保鲜的一个重要指标。茄子采收后不再有水分来源，随着贮藏时间的延迟而发生不同程度的失水，甚至萎蔫。果实重量以及光泽度下降明显，使其商品价值受到影响；而且失水严重会造成代谢失调，进一步缩短贮藏期。

2. 碳水化合物 茄子果实中的碳水化合物主要包括糖类、淀粉和一些纤维素等。茄子的含糖量不高，但作为呼吸作用的基本能量，在贮藏过程中，糖类物质会被逐渐消耗减少，而淀粉在贮藏过程中逐渐转化为糖而被消耗。而幼嫩果实组织的细胞壁中是含水纤维素，食用时口感细腻，随着贮藏过程中失水，纤维素逐渐木质化和角质化，使茄子品质下降，口感变差。

3. 有机酸 有机酸与茄子果实风味有关，果实成熟时一般含酸量最大，但长期贮藏后由于呼吸作用而减少，导致风味减淡，品质下降。

4. 维生素 茄子富含各种维生素，果实成熟阶段维生素含量达到最大，但在贮藏过程中易被氧化分解，失去生理活性。特别在温度过高和氧分充足的条件下，维生素降解更加明显。

二、贮藏环境对果实的影响

贮藏环境是延长果实货架期最主要的因素。茄子采收后，光合作用停止，呼吸作用成为采后生命活动的主导过程，控制果实的呼吸作用就可以控制品质变劣和生理失调，同时延长贮藏寿命和货架期。控制呼吸作用主要是通过调节最适的贮藏环境条件来实现，贮藏过程的环境特点主要包括温度、湿度以及气体成分控制等。

（一）温度对果实商品性的影响

茄子是喜温性作物，其体内酶的活性在一定温度范围内随着温度的升高而增强，导致呼吸强度增大。茄子呼吸强度的加大，会使得外部的氧向组织内扩散的速度赶不上呼吸消耗的速度，而导致内层组织缺氧，同时呼吸产生的二氧化碳在密闭的环境中来不及向外扩散，积累在细胞内危害代谢，从而导致果实变质。因此在贮藏茄子果实时应保持一个较低的温度，来抑制呼吸作用，茄子适宜的贮藏温度 10～12℃，温度低于 5℃就会发生冷害。茄子冷害的表现，为果实表面出现水浸状或褪色凹陷病斑，内部的种子和着生种子的胎座组织变褐。

（二）湿度对果实商品性的影响

茄子轻微的失水有利于降低呼吸强度，但在过湿的环境下，果柄和萼片易腐烂，并与果实脱落，果实表面易长病斑，造成全果腐烂。环境湿度过低，又会造成茄子果实过多失水甚至萎蔫，从而降低商品质量，缩短贮藏期，对贮藏不利。茄子最佳的贮藏湿度为 85%～90%。

（三）二氧化碳对果实商品性的影响

茄子对二氧化碳敏感，在贮藏过程中不断消耗氧气而产生二氧化碳等气体。当二氧化碳浓度超过 7%时会明显抑制呼吸酶活性，从而引起代谢失调，导致组织坏死，进而引起病害。茄子贮藏过程中要经常通风换气，降低二氧化碳浓度，提高氧气浓度，避免无氧呼吸的发生和二氧化碳富集造成的危害。另外，低氧、低二氧化碳条件可抑制茄子的果柄脱落，但不能抑制果实病害发生。茄子对氯气敏感，防腐杀菌时不能采用氯气，采用仲丁胺效果较好。

三、贮藏前果实的预冷处理

预冷处理是给茄子创造良好温度环境的第一步。茄子的入库贮藏前必须先进行预冷，以除去田间携带的热量，降低果实内部的温度，降低代谢速度，防止腐烂，尽可能地保持果实原来的品质，并提高茄子自身对机械伤害以及病虫害的抵抗能力。从采收到预冷的时间越短越好，因此目前都是在产地就立即进行预冷处理。预冷处理的方式有很多种，目前常用的是在预冷库中采用差压预冷通风系统进行，将封好的菜箱放置在差压预冷通风设备前，使菜箱有孔的两面垂直于进风风道，并将每排箱的开孔对齐。风道两侧菜箱要码平，顶部和侧面要码齐。一次预冷量的多少取决于差压预冷通风设备大小。菜箱码好后将通风设备上部的帆布打开，盖在菜箱上，帆布要贴近菜箱垂直放下，防止漏风。然后打开差压预冷通风系统，将时间调整到预定的预冷时间，一般经 5～6 小时预冷，果实温度即可从室温下降至 10℃左右。如果没有差压预冷通风设备，可置于 10～12℃条件下预冷 24～48 小时。在预冷前可用 10℃的清水配制 80％菌立净可湿性粉剂 2 500～3 000 倍液，蘸果，既可预冷降温，又能杀菌消毒，防治贮藏期病害。

四、茄子贮藏保鲜的方法

茄子贮藏保鲜的原理是通过控制温度、湿度以及气体成分，降低果实的呼吸强度、抑制致病微生物的活动，并减少果实水分的散失，从而达到延长果实保质期的目的。茄子的贮藏方式主要有窖藏、塑料帐贮藏、化学贮藏、简易气调贮藏和恒温通风库贮藏等。

（一）简易气调贮藏

简易气调贮藏库可利用普通库房和闲置的民房改造而成。一般是选择地势较高、空气通畅、环境清洁、交通便利的房舍，夯平地面，加固密封门窗，留出通气口，房顶和四周墙壁最好用油毡、泡沫塑料板或吹塑等材料加设隔热层，以增强隔热保温效果。贮藏库必须达到无阳光直射、无透风漏雨、无鼠害、具有一定保温隔热效果的标准。在寒冷地区还应安装暖气等增温设备，以便在低温时适当补温。

茄子入库前，先在地表铺一层厚度为 0.2～0.5 毫米的聚乙烯塑料薄膜，薄膜上摆放消毒晾干的砖块、方木等，搭成高 15～20 厘米的支架做垫层，然后将包装好的果箱码在垫层上，码成通风效果良好的"花垛"。码垛时可将建筑用泡沫砖敲碎或用新烧制出窑的砖块浸透饱和高锰酸钾溶液，分放在箱垛内，以吸附茄子果实释放的乙烯气体，延缓果实后熟衰变，防止腐烂和果柄脱落，保持原有的风味和鲜度。码垛时果箱间要留出一定的空隙，以利气体流通，保持库温均衡，方便管理作业。垛宽以 1～

2米为宜，垛长根据库房条件和贮量而定，垛高以底箱所能承受的压力为限，但距库顶不应少于60厘米。箱垛间也要留出一定距离，以便通风和方便管理。码垛后先在箱垛四周撒施适量消石灰，以调控环境湿度和吸收果实呼吸释放的多余二氧化碳。在有代表性的位置安放温度和湿度计。当库温降至 10～12℃时，选用抗拉强度高、耐老化性强、气体渗透性好、厚0.04～0.06毫米的高密度聚乙烯塑膜热合成气调保鲜帐，将箱垛扣严。气帐的下缘与地表铺衬的塑料膜卷紧，用经日晒消毒过的砂土压实。

在茄子贮藏期间，库房的温度应控制在 10～12℃，空气相对湿度控制在90%～95%。如果库温偏高，可打开库门和通气窗，通风降温；当库温稳定在12℃左右时，可将库门和通气窗用塑料布封严，保持库温均衡稳定；如果库温继续下降可在门窗上增挂棉布帘御寒；当库温降至5℃时，应开启增温设施补温，防止发生冻害。贮藏中如果帐内空气相对湿度低于90%，果实易失水造成萼片卷缩、果皮干皱、果实萎蔫，可在库房和帐内地面喷水增湿或增挂麻布片淋水保湿。如果帐内湿度过大，结露过多，易诱发病害导致果实腐烂，可在帐内沿四周放置石灰、木炭、氯化钙等干燥剂，吸潮降湿。

（二）窖藏法

窖藏也是利用地下温度、湿度受外界气温环境影响较小的原理，创造一个温湿度都比较稳定的贮藏保鲜环境。采收的茄子，因白天气温较高，不宜马上入窖，应先在阴凉的屋中预贮10天左右，霜降后当外界最高气温低于15℃，平均气温在10℃左右时再入窖。过早则因天气较暖，易腐烂。入窖最好在凉爽的早晨进行，这样不会影响窖温，并用50～80微升/升防落素等喷洒果柄，以防果柄脱落。先在窖底铺一层6～7厘米的干沙土，以调节窖内温度，避免茄子入窖湿度过大。在靠窖墙周围，用苇秆拦好，然后从中间窖口分别向东西两侧堆积茄子，在靠近窖口和两端的地方要留出1～1.7米的空地，以便管理。第1层茄子柄向下埋入土中，第 2 层茄子柄向右上方倾斜，第 3 层茄子柄向左上方倾斜，每层两侧茄柄向外，以防萼片上的刺刺伤果面，逐层码至 50 厘米高左右，一般码 3 层，若茄子较小，可码 4 层。上面覆盖一层用蒲草编成的薄席，席上再覆一层牛皮纸，这样在贮藏时期果实之间可保持较高的温度。入窖后东西两端的窖门可先用玉米秸等遮盖，当窖温稳定时，再用土把窖口封严。一般窖内茄子贮藏的适宜温度为 10~12℃，空气相对湿度 95%。贮藏初期，外界气温较高时，应根据窖内的温度、湿度适当通风，后期应注意防寒保温，防止冻害。贮藏期间要经常检查，发现病果或腐烂果，要及时剔除，防止相互感染，并根据贮藏效果和市场行情适时出窖上市。

（三）沟藏法

沟藏法适宜不太寒冷地区。选择地势高、排水好的地方，沿东西向挖一条宽 1 米、长 3 米、深 1.2 米的沟，沟的东西两端分别留一个通气孔，其中一端留出口，顶部用玉米秸覆盖，其上再覆约 12 厘米厚的土。将选好的茄子果柄向下一层码放，果柄插在每层果实的间隙中，以避免刺伤茄果，码 5 层后，果顶上覆盖牛皮纸或报纸，将坑口堵上。随温度的下降，在沟的顶部加土保温，并堵塞气孔；若温度过高，则打开气孔调节降温。

（四）现代通风保温库

现代冷藏恒温贮藏库需要建筑结构和保温性能良好的贮藏库房，以及较昂贵的温度、湿度和气体构成调控仪器设备，目前只在一些经济实力雄厚的专业蔬菜贮藏保鲜单位运用。将通过预冷的茄子包纸或套 0.02 毫米聚乙烯塑料袋装箱后放入库中，保持温度在 10~12℃，相对湿度 90%~95% 即可。

（五）化学贮藏法

茄子在常温下一般只能保持 3~5 天，通过一些化学处理，可延缓衰老过程延长保质期。北京市农林科学院蔬菜研究中心为减少茄子贮藏过程中腐烂或萎蔫，用苯甲酸洗果，单果包装贮藏，温度控制在 10~12℃，贮藏 30 天，好果率达 80% 以上。

附　录

中华人民共和国农业行业标准
茄子生产技术规范

(NY/T 1383—2007)

1　范围

本标准规定了茄子（*Salanummelongena* L.）产地环境、栽培季节、品种选择、育苗、定植、田间管理、病虫害防治、采收等技术要求。

本标准适用于茄子生产。

2　规范性引用文件

下列文件中的条款通过本标准的引用而成为本标准的条款。凡是注日期的引用文件，其随后所有的修改单（不包括勘误的内容）或修订版均不适用于本标准，然而，鼓励根据本标准达成协议的各方研究使用这些文件的最新版本。凡是不注日期的引用文件，其最新版本适用于本标准。

GB 4285　农药安全使用准则

GB/T 8321　农药合理使用准则

GB 16715.3—1999　瓜菜作物种子　茄果类

3　产地环境

应选择排灌方便，地下水位较低，pH6～8，土层深厚、疏松、肥沃的地块，空气、灌溉水、土壤无污染。

4　茬口安排

根据栽培目的和当地的气候及设施条件，科学合理地安排茬口。

5　品种选择

选用抗病、优质、丰产、耐贮运、商品性好、符合目标市场消费习惯的品种。设施栽培应选择耐低温弱光、果实发育快的早、中熟品种，夏秋栽培选择耐热、抗逆性强的中、晚熟品种。

6　育苗

6.1　育苗设施

根据当地气候条件选择日光温室、塑料棚、连栋温室、改良阳畦和遮阳网等育苗设施。

6.2　营养土

因地制宜选用无病虫源的田土、腐熟农家肥、草炭、黩灰、复合肥等，按一定比例配置营养土，要求营养土 pH6～7，速效磷 100mg/kg 以上，速效钾 100mg/kg 以上，速效氮 150mg/kg，疏松、保肥、保水、营养完全。

6.3　播种床

按照种植计划准备足够的播种床。每平方米播种床用甲醛溶液 30～50 mL，加水 3 L，喷洒床土，用塑料薄膜闷盖 3d 后揭膜，待气味散尽后播种。

6.4　种子处理

针对当地的主要病害，选用温汤浸种和磷酸三钠浸种等方法进行种子消毒，消毒后的种子用清水浸泡 6～8h 后捞出洗净，置于变温条件下保湿催芽。

6.5　播种

6.5.1　播种期

根据栽培季节、气候条件和育苗手段选择适宜的播种期。

6.5.2　种子质量

符合 GB 16715.3—1999 2 级以上要求。

6.5.3　播种量

根据种子大小及定植密度，播种床用量 $10\sim15g/m^2$。

6.5.4 播种方法

当催芽种子 70％以上露白即可播种。播种前苗床浇足底水，水渗下后用营养土薄撒一层，使床面平整，均匀撒播种子，覆盖营养土 $0.8\sim1.0cm$，再用 50％多菌灵可湿性粉剂 $8g/m^2$ 拌上细土均匀薄撒于床面上。

6.6 苗期管理

6.6.1 环境调控

保持育苗设施内昼温 $26\sim30℃$、夜温 $16\sim20℃$；空气相对湿度不宜超过 80％，充分见光。

6.6.2 分苗

幼苗 1 叶 1 心至第二片真叶展开时，分苗于育苗容器中，摆入苗床。

6.6.3 扩大营养面积

大苗移栽的，宜在秧苗 3～4 片时加大苗距。

6.6.4 炼苗

冬春设施育苗定植前一周炼苗逐渐撤去遮阳网；适当控制水分。白天 $20\sim25℃$，夜间 $10\sim15℃$；夏秋遮阳育苗应于定植前一周。

6.6.5 壮苗指标

6.6.5.1 冬春育苗

苗龄 $60\sim80$ d，株高 $20\sim25cm$，茎粗 $0.6cm$ 以上，根系发达，叶色浓绿、无病虫害。

6.6.5.2 夏秋育苗

苗龄 $30\sim40$ d，株高 $15\sim20cm$，茎粗 $0.4cm$ 以上，根系发达，叶色浓绿、无病虫害。

6.6.5.3 嫁接育苗

苗龄 $40\sim60$ d，株高 $15\sim20cm$，茎粗 $0.7cm$ 以上，接口愈合好。

7　定植

7.1　定植前准备

根据目标产量和土壤肥力，确定氮磷钾肥施用总量。基肥中的磷肥应占全生育期施肥总量的 80%，氮肥和钾肥应占全生育期施肥总量的 50%～60%。基肥以有机肥为主，适当配施化肥。按照当地种植习惯作畦。

7.2　定植指标

10cm 处土壤温度稳定在 12℃以上，气温 10℃以上。

7.3　定植方法及密度

根据品种特性、整枝方式、生育期长短及气候条件，确定定植方式和密度。一般保护地栽培定植每 667m² 2 000～2 500 株，露地栽培 1 500～2 000 株。定植后及时浇定植水。

8　田间管理

8.1　肥水管理

缓苗后及时浇缓苗水，然后蹲苗，待门茄幼果从萼片突出时开始浇水、追肥。以后根据土壤墒情、植株长势，合理浇水施肥。

8.2　植株调整

根据栽培目的和密度选择合理的整枝方式。门茄开花时，打去门茄以下拟留侧枝以外的所有分杈。及时摘除下部老叶、病叶。

8.3　保花疏果

在不适宜茄子坐果的季节，使用防落素等植物生长调节剂处理花。灰霉病多发地区，应在生长剂溶液中加入速克灵等药剂。穗状花序品种，摘除畸形果，每穗留 1～2 果。

8.4　采收

当茄子萼片与果实相连接部位的白色（淡绿色）环状带不明显时应采收。克病虫害防治。

9　主要病虫害

9.1 主要病害

猝倒病、黄萎病、青枯病、枯萎病、绵疫病、灰霉病、褐纹病、白绢病、白粉病、菌核病、疫病等。

9.2 主要虫害

蚜虫、蓟马、茶黄螨、潜叶蝇、红蜘蛛、二十八星瓢虫、斜纹夜蛾等。

9.3 防治原则

按照"预防为主，综合防治"的植保方针，坚持以"农业防治、物理防治、生物防治为主，化学防治为辅"的无害化控制原则。

9.4 农业防治

针对当地主要病虫害控制对象，实行与非茄科作物3年以上轮作；提倡水旱轮作；深沟高畦，地面覆膜；提倡嫁接育苗，培育适龄壮苗；增施有机肥，平衡施肥；清洁田园。

9.5 物理防治

建议覆盖银灰色塑料薄膜或网驱避蚜虫；用黄板、性诱剂和频振式杀虫灯等诱杀害虫；采用防虫网封闭栽培及温汤浸种等。

1.大龙

2.布利塔

3.苏崎3号

4.苏崎4号

5.杭州红茄

6.台湾绿茄

7.西安绿茄

8.白玉

9.长柱花

10.短柱花

11.滴灌铺设

12.防虫网

13.连栋温室栽培

14.露地栽培

15.日光温室

16.水泥立柱竹拱塑料大棚

17.塑料大棚栽培

18.穴盘育苗

19.竹木拱架大棚

20.白粉虱

21.斑潜蝇

22.猝倒病

23.褐纹病

24.黄板诱蚜

25.黄萎病

26.畸形果

27.裂果

28.双子茄

29.着色不良

30.茄子药害